厚木・愛甲の自然誌
～自然観察への誘い～

山口 勇一

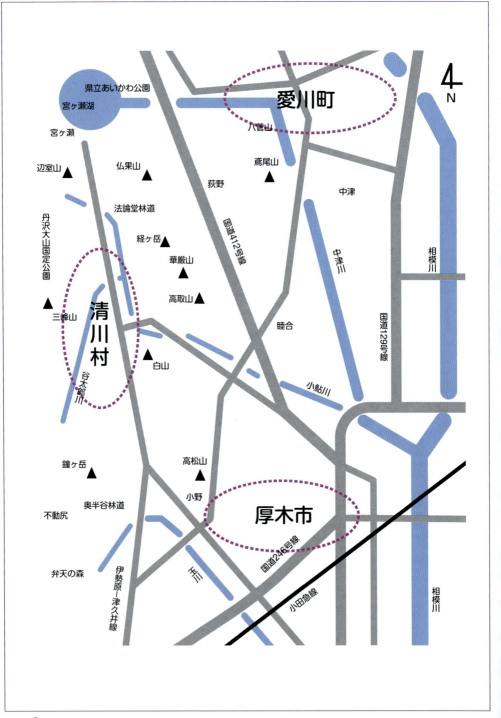

はじめに

　子どもの頃を振返ると、現在の我が家周辺の景色はすっかり様変わりしている。道や広場は勿論、遊び場として走り回っていた林や土手、水場などは、昔の面影を探すのが難しいほどに変わってきている。道路や用水堀からは土手や石積みが消え、コンクリート擁壁とフェンスが行く手をはばみ、いたるところにアスファルトがしきつめられている。
　薪拾いやワラビ折り、アケビ取りやキノコ狩りに行きつけた山道は消え、雑木林はジャングルとなって鬱蒼としている。薪炭林の多くはスギやヒノキの植林地に変わった。以前のように山に入る人がいなくなったのだ。
　家庭燃料はまきや炭からガスや電気に代わり、住宅には新しい生活資材が持ち込まれ、移動手段は自家用車となった。また、農耕地では機械化が進み、傾斜地農地は放棄された。作物からは桑や麦、菜種などの自給作物が消えた。生活様式や生業も変わったのだ。
　自宅前の藪に自生していたクマガイソウがいつしか消え、イカリソウが消え、エビネも消え、クツワムシも鳴かなくなった。加えて、近年、繁殖力旺盛な外来種の侵入による生態系のかく乱が進行するなど、生物相の変化は大きい。在来種の中には姿を消した動・植物もある。環境の変化は在来の生き物に多大な影響を及ぼしているのだ。

　大人になり何年かぶりに近くの雑木林に入ったところ、懐かしさに気持ちが高揚するのを覚えた。すぐには気づかなかったが、落ち葉が醸す微かな香気によって子どもの頃の自分が呼び覚まされ、野山を飛び回っていた頃に体験した匂いや景色が原体験として蘇ってきたのである。
　以来、気持の向くままに野山を歩き、自然の中に身を置くことが一つの居場所となった。また、この時手にした植物が植物標本づくりの始ま

りともなった。
　厚木・愛甲地区を中心に採集した植物標本は1万点を超え、愛川町郷土資料館と厚木市郷土資料館、県立生命の星・地球博物館に収蔵してきた。標本は研究や調査資料として活用していただくものである。
　標本づくりの過程で得た様々な知見を、子どもの頃からの体験と重ね合わせ、文章にまとめたものが「あつぎの花めぐり」と「愛川・清川の自然」である。作文としては雑記であるが、一つ一つは読み切りのエッセイ風でもある。
　お読みになる方に、日常の生活体験や子どもの頃の思い出と重ねていただければ共感を頂けるのではないかとの思いがある。また、子どもたちが自然に目を向けるきっかけとして手に取ってもらえるならばこの上ない幸せと考えている。

　　　20018年11月

　　　　　　　　　　　　　　　　　　　　　　山口　勇一

厚木・愛甲の自然誌〜自然観察への誘い〜　目次

はじめに　3

第1章　厚木・愛甲の成り立ち　11

1　地形・地質　11
2　気候風土　12
3　厚木・愛甲の自然と暮らし　13

第2章　生物多様性の保全　15

1　土地利用と自然の改変　15
2　生物多様性の保全　16
3　外来種問題　17

第3章　あつぎの花めぐり　19

早春

1　カタクリ　20
2　フキのとう　20
3　ネコヤナギ　21
4　アオイスミレ　21
5　オオバマンサク　22
6　スギ　22
7　アケビ　23
8　ヤブツバキ　23
9　ニリンソウ　24
10　シュンラン　24
11　スズメノヤリ　25

春

12　オオシマザクラ　25
13　タチツボスミレ　26
14　ケタチツボスミレ　26
15　カラスノエンドウ　27
16　オオイヌノフグリ　27

17	ミドリハコベ 28		49	フタリシズカ 44
18	ジロボウエンゴサク 28			
19	カントウミヤマカタバミ 29			**夏**
20	スミレ 29		50	ウグイスカグラ 44
21	コクサギ 30		51	ツユクサ 45
22	ツクシ 30		52	モミジイチゴ 45
23	ハルジョオン 31		53	エビガライチゴ 46
24	ヒトリシズカ 31		54	クマイチゴ 46
25	ツクバネソウ 32		55	ネジバナ 47
26	カントウタンポポ 32		56	クワ 47
27	シロバナタンポポ 33		57	オモダカ 48
28	ヤマブキ 33		58	マヤラン 48
29	フデリンドウ 34		59	ヤマアジサイ 49
30	ハンショウヅル 34		60	イワタバコ 49
31	ヤブヘビイチゴ 35		61	イチョウウキゴケ 50
32	フジ 35		62	オトギリソウ 50
33	キンラン・ギンラン 36		63	ワルナスビ 51
34	ノアザミ 36		64	キヌガサタケ 51
35	キュウリグサ 37		65	チダケザシ 52
36	オオバウマノスズクサ 37		66	ヤマユリ 52
37	テイカカズラ 38		67	ノカンゾウ 53
38	クスダマツメクサ 38		68	コナラ 53
39	マタタビ 39		69	ガマ 54
40	ウツギ 39		70	カワラニガナ 54
41	オオキンケイギク 40		71	ハグロソウ 55
42	ハルシャギク 40		72	コゴメカヤツリ 55
43	サイハイラン 41		73	タケニグサ 56
44	ムラサキカタバミ 41		74	クサギ 56
45	ドクダミ 42		75	ヘクソカズラ 57
46	クリ 42		76	スズメウリ 57
47	ヤブデマリ 43		77	エゴノキ 58
48	ノイバラ 43			

初秋

78　ツルボ　58
79　コマツナギ　59
80　ワレモコウ　59
81　ヤブカラシ　60
82　クズ　60
83　ゲンノショウコ　61
84　キツリフネ　61
85　ツリガネニンジン　62
86　ヤマボウシ　62
87　ベニバナボロギク　63
88　エノコログサ　63
89　オオハンゴンソウ　64
90　アゼムシロ　64
91　カワラハハコ　65
92　ミズタマソウ　65
93　ネナシカズラ　66

秋

94　シュウメイギク　66
95　オギ　67
96　シラネセンキュウ　67
97　ヤブラン　68
98　アキカラマツ　68
99　ネズミタケ　69
100　チカラシバ　69
101　シロヨメナ　70
102　ノコンギク　70
103　ノササゲ　71
104　チャ　71
105　オオヤマボクチ　72

106　リンドウ　72
107　ムクノキ　73
108　アカメガシワ　73
109　リュウノウギク　74
110　ジャノヒゲ　74
111　ヒガンバナ　75
112　エビヅル　75

冬

113　ナンテン　76
114　フユイチゴ　76
115　センニンソウ　77
116　ケンポナシ　77
117　ツルリンドウ　78
118　ノイバラ　78
119　コガマ　79
120　ヤツデ　79
121　コモチシダ　80
122　フユノハナワラビ　80
123　マンリョウ　81
124　アオキ　81
125　マルバノホロシ　82
126　イイギリ　82
127　カラスウリ　83
128　カンアオイ　83
129　カニクサ　84
130　ヤブタバコ　84
131　メギ　85
132　ネムノキ　85
133　ヒヨドリジョウゴ　86
134　ノキシノブ　86
135　ヤマノイモ　87

136	キヅタ 87	142	フユザンショウの棘 90
137	キチジョウソウ 88	143	トキリマメ 91
138	アオギリ 88	144	フジの実 91
139	シモバシラ 89	145	切り株と年輪 92
140	オニグルミの冬芽 89	146	マメヅタ 92
141	コセンダングサ 90		

第4章 愛川・清川の自然 93

1	アカネズミの棲家 94	23	メジロの観察 108
2	冬に開花、夏眠するオニシバリ 94	24	自然豊かな谷太郎川周辺 109
3	縁起物のオモト 95	25	うつむいて咲くホウチャクソウ 110
4	貝化石カネハラニシキ 95	26	純白で端正なイチリンソウ 110
5	ジョウビタキとの近所つきあい 96	27	草刈りとクサボケ 111
6	生きもの探し 97	28	サクラ前線 112
7	ビナンカズラできめる 97	29	シャガは中国語が由来 112
8	くす玉のようなヤドリギ 98	30	優しさを醸すハハコグサ 113
9	幻日 99	31	ビロードツリアブ 114
10	イガラのカプセル 99	32	ミミガタテンナンショウ 114
11	イチョウの気根 100	33	個性豊かなヤマザクラ 115
12	ハシブトガラスとハシボソガラス 101	34	山菜ワラビ 116
13	キジとご近所つきあい 101	35	幻想的な姿のギンリョウソウ 116
14	照葉樹シロダモ 102	36	チャドクガに要注意 117
15	ニホンザル群団 103	37	ノビルの繁殖戦略 118
16	愛川・清川からの眺め 103	38	陽当たりを好むヒメハギ 118
17	川霧による幻想的な情景 104	39	ひょうと積乱雲 119
18	春を待つアゲハチョウ 105	40	大きな葉と花のホウノキ 120
19	侵略的外来種ガビチョウ 105	41	ヤマツツジ 121
20	カラスの巣 106	42	中津川の源流塩水林道を歩く 121
21	どんぐりの芽生え 107	43	変身上手なアゲハチョウ 122
22	ニオイタチツボスミレ 107	44	エサキモンキツノカメムシ 123

45	オトシブミ自然からの落し文 123		76	草姿のかわいいセンブリ 144
46	大型の苺クマイチゴ 124		77	あざやかな色調タマゴタケ 145
47	おとなしいジムグリ 125		78	有毒植物ヤマトリカブト 146
48	日本最大のシロスジカミキリ 125		79	兵隊グモはナガコガネグモ 146
49	虹の不思議 126		80	猫のように素早いハンミョウ 147
50	ヤマビル対策 127		81	雌は一生蓑の中ミノムシ 148
51	ムカゴが付くオニユリ 127		82	ヒダリマキマイマイ 148
52	夜の樹液に集まるカブトムシ 128		83	体色を変えるアマガエル 149
53	日本女性と重なるカワラナデシコ 129		84	紅葉あざやかなモミジ 150
54	クモノスシダの生き方 129		85	河原に適応カワラノギク 150
55	タマムシにあやかって 130		86	キューイの味サルナシ 151
56	カメノコテントウ 131		87	雲の種類 152
57	ルリチュウレンジとアカスジカメムシ 132		88	歴史を秘めた経石 152
58	渓谷の古橋 132		89	雪虫 153
59	不安定な大気 133		90	草モミジ 154
60	雄大積雲から積乱雲へ 134		91	峰の松はアカマツ 154
61	海を渡る蝶アサギマダラ 134		92	飼育禁止のアライグマ 155
62	夜に花咲くカラスウリ 135		93	国蝶オオムラサキ 156
63	真夏の河原に咲くカワラハハコ 136		94	良好な環境に棲むカヤネズミ 157
64	ジカキムシのメッセージ 136		95	大物ねらいのジガバチ 157
65	花期の長いムクゲ 137		96	秋の味覚ミツバアケビ 158
66	飛行機雲 138		97	風化構造のひとつタマネギ石 159
67	夕焼けの情景 138		98	藤野木―愛川構造線 159
68	転がる水滴 139		99	雨天時の訪問者サワガニ 160
69	スマートなアオスジアゲハ 140		100	清川の弁天杉 161
70	有害雑草オオオナモミ 140		101	ツマグロヒョウモン 161
71	カジカガエルの美声 141			
72	人の生活とクズ 142			
73	人との関わり深いススキ 142			
74	落ち葉に擬態アカエグリバ 143			
75	生態系被害防止外来生物アメリカザリガニ 144			

第5章　自然観察スポット・コース　　　163

1　三栗山ハイキングコース　164
2　三増牛松山　164
3　角田大橋からの眺望　165
4　仏果山Ⅰ　165
5　仏果山Ⅱ　166
6　幣山耕地の中津川堤防　167
7　塩川添と南沢、塩川滝　167
8　燭江の滝の結氷　168
9　宮ヶ瀬湖とジャケツイバラ　169
10　ダムサイトから高取山へ　169
11　半原高取山山頂付近　170
12　「道の入沢」の貝化石と滝　171
13　経ヶ岳への尾根道　172
14　法華峰林道を歩く　172
15　八菅山いこいの森　173
16　幣山から八菅山へ　174
17　喧騒を離れて熊谷沢林道へ　174
18　中央林道・大沢林道で森林浴を　175
19　信玄旗立松からの見晴らし　175
20　古道志田峠を歩く　176
21　伝説の三増峠　177
22　大岩と崖の植物　177
23　三増金山の栗沢沿い　178
24　相模川右岸小沢河川敷　178
25　向山尾根ハイキングコース　179
26　関東ふれあいの道　180
27　海底から打越峠へ　180
28　ホットスポット尾山耕地　181
29　登山道案内板　182
30　深沢源流部を訪ねて　182

参考文献　184
著者紹介　184

あとがき　185

索引・この本に出てくる動物・植物　186

第1章

厚木・愛甲の成り立ち

1　地形・地質

地質時代

　丹沢山地の東北～北位置する厚木・愛甲地区は、多くの研究者によってさまざまな視点から調査が行われている地質学的に注目されている一帯である。それらの研究成果から最新の学説として、

① 　丹沢とその周辺の地層は、陸地から遠く離れた海洋の火山あるいは火山島から供給された火山砕屑物が海洋底に堆積した地層からなる。

② 　海洋の火山として誕生した丹沢山塊は　フィリピン海プレートの移動に伴い北上を続け日本列島に近づき、おおよそ600万年～400万年前に北端部が本州に付加（衝突）した。

③ 　衝突前の前面では海峡的内湾ができた時代もあり、本州側から供給された非火山性の地層の堆積があった。プレートの移動に伴う南からの力によって、これらの地層も含め本州側に乗り上がるように隆起して逆断層が生じた。

④ 　この断層は丹沢と本州側とを区分するものであり、その一つとして籐野木―愛川構造線と呼ばれている断層がある。山梨県藤野木から愛川町を縦断し、厚木市荻野で断層面は地下に潜り、地上には見なくなっているがさらに南東に続いていると推定されている。

　フィリピン海プレートに乗る丹沢山塊はトラフと呼ばれる海溝部で、北米プレート（本州の乗るプレート）の下に沈み込まず、フィリピン海プレートから取り残されたため本州に付加（衝突）したもので、厚木・愛甲地区は衝突の前線にあたる地域となっている。

　藤野木―愛川構造線を境に北側は中生代（数千万年以前～）に堆積した小仏層群や相模湖層群からなり、南側は新生代（数百万年以降～）の火山岩類の堆積地層か

らなる丹沢層群となっている。この新旧の地層の境は、藤野木—愛川構造線から相模川沿いに南下し、茅ケ崎、江ノ島北端を通り、三浦半島から房総半島に続いていると考えられている。有名なフォッサマグナの東の境界線でもある。

厚木・愛甲の地形

　丹沢・大山に続く地域は急峻な山岳や谷の入り組んだ複雑な地形となっている。丹沢山地の東〜北東にかけては、中津山地と呼ばれている仏果山(747m)、経ヶ岳(633m)が丹沢山塊の前山として位置していて、さらに南東方向に華厳山(602m)、高取山(522m)、白山(284m)と続く山並みとなっている。

　北側の愛川町から厚木市荻野の山麓を藤野木－愛川構造線が、南側の清川村宮ヶ瀬、煤ケ谷から伊勢原市に続く谷地形に沿っては牧馬－煤ケ谷構造線が走り、これらに沿い、または横断する形で多くの横谷や浸食地形が発達し、複雑な地形を形成して地質時代のダイナミックな大地の変動を実感的に今日に伝えている。

　相模川の支流である道志川、早戸川をはじめ、中津川、荻野川、小鮎川、恩曽川、玉川などの河川は丹沢山地に源を発し、上流部では急峻なV字谷をつくり、開けた山麓部で扇状地形となり、浸食地形である段丘崖をつくっている。さらに下ると流れは緩やかとなって周辺に沖積地をつくりながら相模川に合流し相模平野に位置するようになっている。

　台地上は、箱根山(50万年以降)や富士山(10万年以降)からもたらされた火山噴出物(テフラ)によって関東ローム層と呼ばれる赤土や黒土に覆われ平坦地形となっている。もっとも上部にある多摩面には最深部に多摩ローム層と呼ばれるローム層から、最上部に立川ローム層と呼ばれる新しい火山灰土層まで4層が形成されている。もっとも新しい段丘面の立川面には立川ローム層だけが堆積している。

2　気候風土

　厚木・愛甲地区は関東平野の西端にあり、丹沢山地との接点に位置している。山地や台地からなる地形にはこの間を縫うように大小の河川が流れている。こうした複雑な地形は気候的にも地域性が大きく複雑である。特に南西部から南東部にかけては丹沢山地を背景に持ち、北西部は丘陵性の山地となっている。

東部は相模川を挟み関東平野に開かれている。こうしたことから本地域の気象の概況は単一で一様なものとは考えられない。

厚木・愛甲地区を気象的に区分すると、1000mを超える標高を持つ丹沢山地型、500m前後の標高を持つ仏果山、経ヶ岳、高取山、鐘ヶ嶽などの山地型、宮ヶ瀬、半原、煤ケ谷、七沢などの山間盆地型、三増、中津台地、荻野、小鮎、七沢などの山麓平地型、中津川の下流域や相模川沿いの低地平野型に分けられであろう。こうした地域特性を知る気象観測データは少なく気象的検証はできないが、長年にわたる観測データの蓄積がある横須賀水道半原貯水池（廃）や東京電力落合発電所（廃）、横浜気象台半原測候所（廃）、海老名蚕業センター（廃）などの地点を比較できるならば各型の特性を知ることができるに違いない。気候の違いは動・植物に影響を与え、植物相や生息分布の違いをもたらしている。

3　厚木・愛甲の自然と暮らし

人々の生活が自然環境に影響を及ぼすようになったのは農耕が始まった縄文後期から弥生時代と考えられる。人の生活の営みは、洪水等の災害から安全が確保され、生活用水が得やすく、食料の生産や燃料の入手し易い場所として里地・里山が適地であり、里地・里山周辺に人の暮らしが起こるのは自然の成り行きであった。

人々は湧水や小河川を利用して飲み水や生活用水を確保し、煮炊きや暖房に必要なまきや炭は裏山の薪炭林から調達し、食料は川沿いの水田で米作を、段丘上では畑作物を生産していた。また、漁労や狩猟、採集などの技術も持っていた。生活に必要な日常用具は、周囲の山野に普通に得られる材料を知恵と技術で加工したものが大半であった。それは自然と折り合った自然と共存する営みでもあった。

また道路や用水路の管理などは集落の共同作業によって行われ、入会地や共有林の管理や、聖地である神社を中心にした宗教行事なども、地域の連帯のもとに行われていた。人々のこうした暮らしは昭和の中頃まで続いていた。厚木・愛甲地区にはこうした村落を母体とした地域はたくさんあり、生活様式は変わっても伝統的コミュニティは今日に引き継がれている。薪炭林や植林地、鎮守の森として多様な自然が見られるのは、昔から身近な自然が大切にされていた

ことでもある。
　自然の景観の中からは、詩歌や物語が作られ、俳句や短歌、民話やむかし話、民俗芸能が生まれ、今日に伝わっている。子ども時代に暮らした土地の自然の情景はふるさとの情景として人々の心に刻まれている。

第 2 章

生物多様性の保全

1　土地利用と自然の改変

　沖積地である川沿いの湿地は、むかしの人々の努力によって稔り豊かな水田に変わり、食料を生産する農耕地として長い間維持されて来ていた。用水路や溜池は生き物に楽園をもたらしていた。時代を経ると人口の増加や生活の豊かさに伴い、水田地帯は住宅地や工場用地に変わり、地域を潤していた用水路は埋め立てられたり暗渠となった。さらに近代になると広幅員のアスファルト道路や高層マンションに変わり、そこに「小ぶな釣りしかの川」があったことは想像だにされなくなった。自然とは隔絶した世界が広がっているのだ。

　家庭燃料のマキや木炭などを生産していた里山や段丘崖のコナラ・クヌギ林は、昭和の半ばを過ぎると人の気配は止み、放置されるようになった。石油やガス、電気などの燃料革命が起こったためである。放置された林の多くは人の侵入も困難な荒廃林として残された。また、燃料生産のために皆伐が行われていた薪炭林は萌芽更新によって若返えりを繰り返していたが、巨木化や樹種の自然淘汰が進行した結果、林内は昼でも暗く、下層植生は消え、生物多様性は失われてきている。遠目には緑の景観であっても、林内に入ると植生は単純化され自然の豊かさが失われていることに気づく。表土の流出している傾斜地もある。

　薪炭林がスギやヒノキの植林地に変わった所も多い。燃料の生産から木材の生産に切り替えたのである。植林地では幼苗を雑草木から守るため数年間は下草刈りを行い、スギ、ヒノキの成長に伴い混みあった樹木を間引く間伐を行うことが必要である。樹木の成長とともに何段階もの間伐が必要なのだ。さらに、良質な木材を生産するためには枝打ちを行なってスギ、ヒノキの成長を見守るのである。木材としての生産までには何十年も要し、一代では完結しない植林地管理が必要なのである。近年、安価な輸入材の普及に太刀打ちできず林業は衰退の一途をたどり、管理放棄された植林地が広がり、森林の荒廃化や表土の

流出が起こっている。土砂崩れなどの災害や自然破壊につながる要因の一つとなっている。

2　生物多様性の保全

生物多様性とは

　地球上には、大気、水、土壌、気温等の異なる様々な環境があり、その土地に応じた生き物が生息し、その土地ならではの生き物たちによる世界がつくられている。生物多様性とは、①生物の種類の多様性と、②遺伝子の多様性、③生き物相互のつながり（生態系）の多様性を指すものである。人類をはじめ全ての生き物は多様な生物のもたらす恵みにより生存している。生物の多様性は人類の存続の基盤となるものである。飲料水、食糧、衣料、住宅資材、新薬開発、大気の浄化、温暖化対策等で得られる恵であり、これを生態系サービスと言う。末永く孫子の代まで良好な生態系サービスを受けるためには、現状の認識に立ち、危機に瀕する自然環境の保全・再生に努めなければならない。

生物多様性を脅かす要因

　生き物の多様性は、その土地ならではの多様な生き物のつながりによって保たれている自然の営みそのものである。現在進行中の住宅や道路の開発等による自然の破壊や、管理放棄による森林の荒廃、外来生物種による生態系のかく乱等によって、自然は消滅や生態系バランスの喪失の危機に直面している。また、進行しつつある地球温暖化も生物種に重大な影響を与えていると言われている。こうしたことから多くの在来の固有生物種の絶滅が危惧されている。

人類の責務（平成20年制定：「生物多様性基本法」前文の抜粋）

　私たちは、人類共通の財産である生物の多様性を確保し、それがもたらす恵みを将来にわたり持続できるよう次の世代に引き継いでいく責務を負っている。今こそ、生物の多様性を保全するための手立てを確立、推進し、人の活動に伴う影響を回避又は最小としつつ、持続可能な社会の実現に向けた新たな一歩を踏み出さなければならない。

3　外来種問題

侵略的外来生物

　外来生物とは、他の地域から入ってきた生き物で、その土地にはもともと生息していなかった生き物を指している。

　外来生物の中には農作物や家畜、ペットなど私たちの生活に欠かせない生き物もいるが、一方で、地域の自然環境に大きな影響を与えるものもいて、これらを侵略的外来生物と呼んでいる。

外来種が引き起こす悪影響

⑴　外来種にとっては天敵となる生き物がいないため、短期間に大量に繁殖しやすく、日本固有の在来種の存在を脅かすことがある。

⑵　外来種の移入にともない寄生生物やウイルスなどが持ち込まれると、対抗手段のない在来種に深刻なダメージを与えることがある。

⑶　外来種が近縁の在来種と交配することによって、在来種の遺伝的特質が変えられてしまう可能性がある。

⑷　外来種は、多様な生物が長い時をかけて作っていたその土地ならではの生態系バランスを崩し、最悪の場合は在来種を絶滅させてしまう恐れがある。

⑸　外来種は農林水産物を食害したり畑を踏み荒らすなど、さらには毒を持ったものや人に直接危害を加えたりするなどの問題がある。

外来生物法（2004年制定）

　この法律では、生態系や人の生命・身体、農林水産業に悪影響を与える恐れのある侵略的外来生物を「特定外来生物」として指定し、被害防止を目的に飼育・栽培・運搬・販売などを制限し、これらの防除を進めることを規定している。また、注意喚起が必要な外来生物種として被害に係る一定の知見があり、引き続き指定の適否について検討する外来生物を「生態系被害防止外来種」として選定している。

第3章

あつぎの花めぐり

y.yamaguchi

ヘクソカズラ
花期は夏。サオトメバナ（早乙女花）ともいう。花は赤の配色にビロード状の細かい繊毛が密生している。（アカネ科）

　厚木植物会の機関誌として発行されている「厚木植物会ニュース」に連載してきたもので、前会長の故諏訪哲夫氏の「あつぎの花めぐり」が始まりである。
　2009年1月から筆者が引き継ぎ、「続・あつぎの花めぐり」とした。同時に、一部の原稿についてはタウンユース社発行の厚木・愛川・清川版に投稿してきた。

第 3 章 あつぎの花めぐり

早春

1 短期勝負のカタクリ（片栗）

　カタクリは、近年すっかり減ってしまったが、厚木、愛川、清川には何ヶ所かの自生地がある。たいがいは地元の人が保護したり、自生地を秘密にしていることが多い。可憐な花ゆえ、持ち帰ろうとする人がいるためである。
　早春に、いっきに葉を伸ばし、花を咲かせるとともに林床に差し込む日光を浴びて栄養分を鱗茎（りんけい：地下にある球根に似た塊）に蓄える。周りの木々が新緑に覆われるころには地上部は枯れ、来春までの長い休眠に入る。およそ1ヶ月間で生活活動のすべてをやり終える短期勝負を行っていると言える。蓄えはわずかなため、種子から成熟して開花するまでには10年近くもかかる。幼少期の長い植物でもある。片栗粉はこの鱗茎から採った良質なデンプン。ユリ科の多年草。

2 フキのとう（蕗の薹）

　陽だまりの土手や水辺にフキの蕾が顔を出している。立春を過ぎたころから薹（とう）が立ちを始め、花茎を塔のように伸ばしながら黄緑色の花を咲かせていく。「ふきのとう」と呼ばれる所以である。長いものでは30cmにもなる。
　厚木、愛川、清川では丸い蕾の段階を「ふきのたま」とも言い、春の香りを届けてくれる一番手で、本格的な春の近いことを告げるものである。フキは独特の苦味と香りが好まれ、旬の味覚を求めて林縁や川辺の陽だまりにフキ採りに出かける人もいる。野菜として店頭に並ぶ長いフキは東北以北に自生する大型のアキタブキの葉柄で、各地で栽培されている。なお、同じ「フキ」を名乗るノブキやツワブキはフキとは別な属の植物である。キク科フキ属の多年草、雌雄異株（しゆういしゆ）。

3 温もりのある毛を持つネコヤナギ

厚木、愛川、清川の川縁にはヤナギが河畔林を形成しているところがある。ヤナギ類は水辺の好きな種類が多く、ネコヤナギはそうした仲間の一つである。特に上流部の日当たりの良い清流の中で見かけることが多い。

花期は早く、陽光の強まり始める早春に、帽子のような冬芽を脱ぐと銀白色の温もりのある綿毛で被われた尾状花序が現れる。名前の謂れはこれを仔猫のしっぽに見立てたものであろう。花序はたくさんの花が密生したもので、やがて雄花では赤い葯が、雌花では紅色がかった花柱が目立つようになり受粉の時期を迎える。

落葉低木、雌雄異株。ヤナギ類は種類が多く、交雑種もあり、名前の特定が難しい。身近に生えている種にはタチヤナギ、オノエヤナギ、イヌコリヤナギなどがある。

4 アオイスミレ（葵菫）

厚木市周辺には20種を超えるスミレが自生している。種類によって花の形や色の違いは勿論だが、開花の時期や順序も決まっていて、種類を追っていくと3月初めから5月まで様ざまなスミレの花を楽しむことができる。

シーズントップを切って開花するのはアオイスミレで、見ごろは3月初〜中旬。花柄は短く葉の上に花をのせるように咲き、淡い紫色の上弁（上側にある一対の花びら）はウサギの耳のように立ち、個性的な花のつくりになっている。

実は紫色の毛氈のような形で、株元近くにひっそりと付く。他のスミレのようなたねを弾き飛ばして散布する機能はなく、たねにはアリの好む物質があり、アリに餌として運ばせ、やがて捨てさせる戦略でたねを散布する。

葉がフタバアオイの葉の形に似ていることが和名のもととなった。スミレ科の多年草。

5 オオバマンサク（大葉満作、大葉万作）

オオバマンサクはマンサクの亜種で、厚木市周辺では大山上部他に自生している。庭木として植栽されているマンサクに比べると地味な感があるが、一番の魅力は、寒い時期から花を咲かせ、山に春の訪れの近いことを告げることにある。

がくは赤く、花びらは黄色いリボン状で、その清楚な雰囲気から、周囲がまだ冬のたたずまいの中、山歩きでこの花に出合うと足を止め、思わず見惚れてしまうほどである。

和名の由来は「先ず咲く」が訛ったとの説がある。この花がたくさん咲く年は豊年「満作」だからとも。

葉の形も特徴的で、左右対称形ではなく平行四辺形になっていて、花のない時期の見分けのポイントになる。マンサク科の落葉低木。

6 スギ（杉）

花粉症の一番の元凶はスギがまき散らす花粉で、春先に花粉アレルギーに悩まされる人は多い。

厚木市周辺の山々を見渡すと、スギを中心とした植林地が広葉樹林とモザイク状に分布し、山地の大きな面積

を占めていることが見て取れる。特に昭和40年代に薪炭林（しんたんりん）だった雑木林に代わって植林されたスギやヒノキが樹齢40〜50年に達し、大量の花粉が生産されるようになった。晴れた日には煙のように風に舞い上げられ、視界も遮られるほどの飛散量となる日もある。

スギは風媒花で、雄花でできた花粉は、雌花まで風に運ばせて受粉することから大量に散布する必要があり、たわわに付いた雄花からは、受粉のタイミングに合わせ花粉が一斉に舞うのである。一科一属一種の日本特産種。屋久杉、北山杉、秋田杉などが有名。

7 アケビ（木通）

　花期は3〜4月。花穂の柄が途中で枝分かれしていて、個々の花の役割が分かり易い花である。雄花にはミカンの房を並べたような雄しべがあり、花粉を供給する。また、雌花にはバナナを小さくしたような雌しべが放射状に数本あり、先端は粘着性の液体で潤っていて花粉が付着しやすくなっている。

　筆者は子どもの時、秋になると近所の子どもたちと連れ立って山にアケビ取りに行った。道案内は年長者で、木に登ったり、蔓を引っ張ったりして収穫した。子どもの遊びの集団は姉におんぶされた赤ん坊から兄弟が面倒を見る就学前の幼児も混じる異年齢の構成だが、足手まといにはせず、「おめえは味噌っかすだから小っちゃいの」などと言いながら収穫物は年齢に応じて分けた。アケビは子どもにとって魅力的なものだった。アケビ科の半落葉の蔓（つる）性低木。

8 ヤブツバキ（藪椿）

　冬でも落葉せず厚くて艶のある葉を持った樹木を「照葉樹」と言う。風雨や寒暖の変化に耐えられるのは、葉の表面にロウのような成分からなるクチクラ層が形成されているからである。ヤブツバキはこの代表的な樹木で、和名は、厚葉樹（あつばき）、又は艶葉樹（つやばき）がもととされている。

　人家周辺の林ではどこにでも見られ、陽だまりでは冬のさなかから花が咲きだす。花びらは半開状でつつましい感じがする。冬のツバキにはメジロが吸蜜に訪れるのをよく見かける。「ヤブツバキ」は自生のものを指し、公園や庭木に植えられた「ツバキ」は品種改良された園芸種が多い。

　筆者は子どものころ、若い実をつぶし石鹸水に入れシャボン玉遊びをした。誰から教えられたか記憶にないが、シャボン玉は良く飛んだ印象がある。ツバキ科の常緑亜高木（じょうりょくあこうぼく）。

9 ニリンソウ（二輪草）

　ニリンソウは草丈15cmほどで、まっすぐ立った茎の中央に、名前のとおり2つの花がペアになっているが、この2つは花柄の長さが違い、開花にもややずれがある。2輪がそろった姿は夫婦が寄り添う姿に例えられ、歌謡曲にもなっている。

　湿り気のある林の中や林縁の土手などに群生する。早春に花を咲かせた後、周辺が若葉の季節を迎えるころには姿を消してしまうことから、スプリングエフェメラル（春の妖精）の一つに数えられている。

　ニリンソウと間違えてヤマトリカブトの根出葉（こんしゅつよう）を山菜として食べ死亡する事故が報道されることがあるが、葉の形が似ているため、くれぐれも間違えないように。採集は目利きのある人と同行するのがいい。キンポウゲ科の多年草。同じ仲間にイチリンソウ、キクザキイチゲなどがある。

10 シュンラン（春蘭）

　まだ肌寒い早春に、近くの雑木林を訪ねると、陽だまりに春の気配を察して活動を始めている植物がある。シュンラン（春蘭）はそのうちの一つだ。

　花茎は白い鱗片葉にゆるく包まれ、淡い黄緑色の花を咲かせる。花びらは6枚あるように見えるが、外側の半開状の大きな3枚は萼（がく）で花を引き立てる役目をしている。唇弁（真中にある下向きの花びら）には紅紫色の斑点があり、シックな上品さを醸し出している。シュンランはその野趣、素朴さが好まれて、野生品を鉢物や日本庭園などで栽培することがある。

　筆者は子どものとき、父の冬場の山仕事の手伝いで、ノウサギに食われて葉が短くなった株をよく見かけた。それでも花の時期にはしっかり花穂を伸ばしている健気な姿に愛着を感じた思いがある。ラン科の常緑草本。同じ仲間に園芸種のシンビジュウムがある。

11 スズメノヤリ（雀の槍）

　陽射しが増し春の気配を感じるようになると、畑道や土手などで、この時を待っていたかのように、スズメノヤリが花茎を伸ばし赤褐色のくす玉のような花穂を開く。和名は花穂をスズメの毛槍(けやり)に見立てたもので、スズメとは小さいと言う意味である。

　密生する葉は縁には長い白色のクモ毛が生え、冬に紅葉して温かみのある紫褐色になっていて、早い時期から草むらに春の温もりを醸している。

　筆者は子どものころ、茎を口にくわえ大人が吸うたばこの真似をしてよく遊んだ。そのときの噛んだ味が舌の記憶に残っている。今でも口にくわえると懐かしさがこみ上げてくる。季節を実感する原体験の一つかもしれない。イグサ科の多年草。

春

12 オオシマザクラ（大島桜）

　ソメイヨシノやヤマザクラが満開のころ、花と同時に葉が出る桜がある。オオシマザクラがそれである。花は大きく3〜4cmはあり、緑の葉に交じって白い花を咲かせ、清純な雰囲気がある。

　厚木、愛川、清川では山裾に多く生え、遠目にもすぐに見つけられる。伊豆や伊豆大島が分布の中心で、愛川町以北になると見かけなくなる。いわゆる北限に近いと言える。

　「さくら餅」を包んでいるのはこの葉である。また、花後には黒紫色の1cm程のサクランボがなるが、酸っぱく渋みがあって美味しくはない。

　本種とエドヒガン系の品種とを交配したものの中から選択された桜がソメイヨシノである。バラ科の落葉高木。

13 タチツボスミレ （立坪菫）

　厚木、愛川、清川には20種類を超えるスミレ類が自生していると言うと驚く人もいられるかもしれない。さて、何種類を見分けることができるでしょうか。アオイスミレ、ノジスミレ、コスミレ、ヒメスミレ、スミレなどがある。3月初めから5月初めまで、種類毎に開花期間に違いがあり、開花順序も決まっている。競合を避け、吸蜜に来る昆虫による受粉を確実に果たすためであろう。

　市街地でも何種類ものスミレを見ることができ、時にはアスファルトの割れ目に、健気に咲いていることもある。同じ道を何回か歩くうちに何種類もの発見があるかもしれません。最も身近で数も多いのがタチツボスミレで、4月初めがピークとなっている。群生地はあちこちにある。園芸種のビオラは移入種で、スミレ属の学名 Viola を日本語読みしたものである。

14 ケタチツボスミレ （毛立坪菫）

　数が多く見慣れたスミレと言えばタチツボスミレである。個体数が多いことからこの種（しゅ）を母体にした変種や品種が分化していて、様々な環境に適応している。形質の違いは遺伝子の違いであり、種（しゅ）全体が多様な遺伝子を持つことによって種（しゅ）の繁栄を築いてきたと言える。

　ケタチツボスミレは茎や花茎に白い細かな産毛のような毛が密生している。分類学的にはタチツボスミレの変種の扱いである。図鑑で調べていくと学名が Viola grypoceras var. pubescens とラテン語で記述されている。最初の単語が「属」で、2つ目が「種名」で、続く "var." 或は "varietas" が「変種」を表している。川岸に生えるケイリュウタチツボスミレや、茎が赤いアカフタチツボスミレなど厚木周辺にもいくつもの変種や品種がある。タチツボスミレとひとくくりにしないで、個性的な姿や色合いに注目してみて欲しい。

15 カラスノエンドウ（烏野豌豆）

標準和名はヤハズエンドウだが、カラスノエンドウという名が一般には定着している。ちなみに、万国共通名である「学名（ラテン語表記）」の対となる日本語名が「和名」。カラスノエンドウと言う表記は「別名」としての扱いである。

カラスノエンドウは、豆果が熟すと鞘（さや）は黒くなり、乾燥した鞘が裂けて弾き飛ぶ豆（種子）も黒いことから、黒＝カラスというイメージが呼称のもととなった。秋に発芽し、冬を越し春になると巻づるを周囲に絡めて勢いよく伸び1mほどになる。路傍などいたるところに生育しているが、夏になる前に生涯を終える早春植物の一つである。似た仲間にスズメノエンドウ（カラスより小さい＝スズメ）があり、両者の中間の特徴を持ったカスマグサ（カラスとスズメの間＝カとスの間の草）がある。マメ科の越年草。

16 オオイヌノフグリ（大犬陰嚢）

ヨーロッパ原産の帰化植物で、明治時代に帰化したと言われている。道端や空き地、畑道など場所を問わず生えている。

冬の時期でも寒さに負けず葉を展開し、春を呼び寄せるように開花の準備をする。やがてコバルト色の小さな花を咲かせ、身近に春を一番にもたらしてくれる草花である。

名前は、「イヌノフグリ」より大きな「犬のフグリ」に似た果実をつけることから「オオイヌノフグリ」となった。フグリとは陰嚢の意味である。花の印象から命名されていればきっと可憐な名前がつけられていたに違いない。よく見ると左右対称の花で、見方によっては人の顔にも見えてくる。

ゴマノハグサ科の越年草。同じ仲間にタチイヌノフクリ、フラサバソウなどがある。

17 ミドリハコベ（緑繁縷）

　ミドリハコベは葉も茎も緑色のハコベである。同じ仲間で茎がやや赤紫色をしたコハコベと区別して名づけられた。ミドリハコベは昔から日本にあったもので、小鳥の餌として馴染みのハコベである。一方のコハコベは明治以降に帰化したもので、市街地などにはこちらの方が多い。よく似ているため区別せず2つをまとめて「ハコベ」と呼ぶことがある。

　1枚の花びらが基の近くで2つに分かれているため10枚に見えるが、花びらの数は5枚が正解なのだ。早春から初秋までどこかで咲いている可愛い花なので、ぜひ近づいてじっくりと観察してみて欲しい。

　「春の七草」の一つに数えられ、「ハコベラ」とも呼ばれている。葉や茎が柔らかいナデシコ科の2年草。同じ仲間にウシハコベ、ノミノフスマなどがある。

18 ジロボウエンゴサク（次郎坊延胡索）

　葉っぱが可愛いと言えばこの植物が一番に挙げられる。葉は白みを帯びた緑色で滑らかな艶があり、小葉は楕円形をしていて繊細な優しさがある。春の野山で出会うと、愛おしさを感じるほどだ。

　花は先端が紅紫色をした左右相称の花で、後ろに距（きょ）と呼ばれる細長い袋を持った独特の形をし、細い花柄でバランスを取っている姿は、他に類を見ない優美さだ。

　名前の「次郎坊」は、スミレの「太郎坊」に対しての呼び名。両者は同じ時期に咲き、花の基部の曲がりを絡ませ引っ張りあってちぎる遊びの中から身近な名前として付けられた。「延胡索（えんごさく）」は薬草名。

　やや湿った林や林縁などに生育するケシ科の小型の多年草で、同じ仲間にムラサキケマン、ミヤマキケマンなどがある。有毒。

19 カントウミヤマカタバミ
（関東深山片喰）

　カントウミヤマカタバミは「関東と言う地域の深山に生えているカタバミ」と言う意味である。似た種類として全国的にはミヤマカタバミがあり、平地にはカタバミがあるため、これらと区別するための和名である。

　厚木周辺では山地の雑木林やスギの植林地などの比較的日の当たらない環境に生える多年草で群生していることが多い。背丈は10cm弱である。開花時期が同じタチツボスミレと混生していることもある。

　花は直径3〜4cmで、晴れた日の日中に咲く。白色の5枚の花びらはバランスがいい。果実は熟すと弾けて種子を飛ばす。また、春期が過ぎると閉鎖花による種子の生産も行っていく。葉は真中が凹んだ三角形をした小葉が3枚セットになっている。カタバミ科の多年草。

20 スミレ（菫）

　スミレと言うと一般にはスミレ科スミレ属の仲間を総称して、種名を区別せずに指すことが多いが、写真はその仲間の一つである種名が「スミレ」のスミレである。

　厚木市内にはタチツボスミレなど20種（含む変種）を超えるスミレが自生している。「スミレ」は株のまとまりや大きさ、花の形や色など、スミレ属を代表するだけあって風格がある。芝生や道ばた、堤防などに自生していて、アスファルトの割れ目にも見かけるお馴染みの濃紫色のスミレである。

　花の後ろに長く伸びた距（きょ）があり、距に蜜がたまるようになっている。蜜を吸いにきた虫の刺激を受けると雄しべから花粉が出て、虫に付く仕組みになっている。

　春はスミレの季節、いろいろなスミレを観察してみてはいかがでしょうか。

21 コクサギ（小臭木）

コクサギは名前のとおり、葉や茎に独特の臭気があり、多くの人は嫌な臭いと感じるようであるが、良い香りと感じる人もいる。生垣として植栽している人家を見かけたこともあり、必ずしも嫌われるばかりではないようだ。概してミカン科の植物は強いにおいを持つものが多いようである。葉の付いた小枝を生ごみの上に置いておくとハエが寄らず、臭いも緩和される効果があるそうだ。

人家近くの林縁や日陰の河畔などに自生し、新芽とともに緑色の花を咲かせるが、雌雄異株（しゅういしゅ）で雄しべの発達した雄花と、雌しべの発達した雌花は容易に見分けることができる。葉の付き方にも特徴があり、「コクサギ型葉序（ようじょ）」と言って、葉が同じ側に2枚づつ付く形で互生している。観察ポイントの多い植物だ。散歩の折、足を止め観察して欲しい。ミカン科の落葉低木。

22 ツクシ（土筆）

子ども時代にツクシ摘みをしたことのある人は多いのでは。今でも、小さい子の遊びを見ているとツクシはままごとの欠かせない材料になっている。ケーキとかスパゲッティとか、プリンだとか筆者が子どもの頃にはなかった横文字メニューだが。ツクシは身近に沢山生えていて、最も親しまれている植物の一つである。

ツクシはスギナと言うシダ植物の胞子葉（ほうしよう　胞子をつけるためだけの葉）で、繁殖器官の一つである。ツクシとスギナは出る時期が異なるため別物に思われがちである。地下茎が発達しているため、群生する。

山菜としての食べごろは胞子を飛ばす前の若いうちで、調理する前に鞘（しょう）（袴（はかま）ともいう）と呼ばれる葉が退化した部分を取り除くことが必要。ツクシは土筆と書く、形が筆に似ているからだ。トクサ科の多年草。

23 ハルジョオン（春紫苑）

　ハルジョオンはハルシオンとも言い、シオン（キク科）に似ていて春に咲くことから名づけられた。

　厚木、愛川、清川では空き地、農耕地、公園の植え込みなどいたるところに群生し雑草として猛威をふるっている。こうした光景は昭和の半ばころから見られるようになったもので、北米原産の外来植物として大正時代に日本に入ってきたと言われている。厄介なことに、除草の後に残った細根からも出芽し数を増やすため駆除の困難な嫌われ者である。

　よく似た仲間にヒメジョオン（姫女苑）があるが、見分けのポイントは、ハルジョオンは蕾が下を向いていること、葉柄がなく葉が茎を抱く、茎が中空、花期に根出葉が残っていること、花期が早い等の特徴がある。どちらも旺盛な繁殖力で在来の植物を駆逐するなどから、侵略的外来生物に指定されている。キク科の越年草。

24 ヒトリシズカ（一人静）

　ヒトリシズカのシズカは、花の咲いた草姿を、源義経を愛する「静御前」に見立てたもので、悲劇のヒロインとして鎌倉で一人舞う姿をイメージしたものと言われている。また、ヒトリは茎の先に白い花穂を一個付けるからである。

　ヒトリシズカは根茎が地中を横に走り、そこから芽を出してたくさんの茎を直立させるため、一人静かに咲くことはなく必ず群生する。開花は早く、葉が開ききる前から咲き始める。光沢のある4枚の葉が輪生状（りんせいじょう）に広がり真ん中に白い花を配した姿は清楚だが艶（つや）やかな魅力も持っている。花びらや萼（がく）はなく、白い糸状の部分は雄しべで、雌しべは雄しべに隠れるようについている。じっくりと観察することをお勧めしたい。

　明るい雑木林や林縁に生えている。センリョウ科の多年草。似た仲間にフタリシズカがある。

25 ツクバネソウ（衝羽根草）

葉が4個輪生し葉身は長楕円形なので、この形がツクバネソウの謂われかと思いきや、花が咲きやがて黒い果実ができると、この果実と周辺に残る外花被片（花弁やがくの役目をする部分）とのとり合わせが、衝羽根を小さくした形にそっくりであることから名付けられたものである。

衝羽根はムクロジの硬い実と鳥の羽で作った羽子のことで、お正月の遊びとして行われている羽根衝きは、羽子板で羽子をバトミントンのように衝（つ）き合うゲームである。

ツクバネソウはシュロウソウ科の多年草で、落葉広葉樹林の林床や陽の当たらない山道沿いに集団を作って生えている。同じ名を持つ植物にビャクダン科のツクバネ、スイカズラ科のツクバネウツギ、ブナ科のツクバネガシがあるが、何れも衝羽根に似た実や花、葉をつけることから名付けられている。

26 カントウタンポポ
（関東蒲公英）

名前のとおり関東地方に分布するタンポポである。ちなみに、エゾタンポポ（蝦夷）、トウカイタンポポ（東海）、カンサイタンポポ（関西）など古来より各地方に独自に定着している固有の種類がある。厚木、愛川、清川には、本種の他に外来種のセイヨウタンポポがあり、稀にシロバナタンポポがある。

カントウタンポポは住みにくい市街地を避け、自然度の高い郊外で集団を形成して生活している。それに対し市街地に見られるものはほとんどが外来種のセイヨウタンポポで、人の生活圏内でもたくましく生きていける能力を持ち、カントウタンポポの代役を担っているようだ。地域の自然度を推し測るバロメータとして、散歩の折にこれらタンポポの自生分布を調べてみてはいかがでしょうか。キク科の多年草。

27 シロバナタンポポ
（白花蒲公英）

　タンポポ類の花は 100〜200 個の小花が一つにまとまって、頭状花 (とうじょうか) という花を形づくっている。小花1個に注目すると、5 枚の花びらがくっついて舌状の花弁になっていることから舌状花 (ぜつじょうか) と言う。

　シロバナタンポポは、同心円状に並んでいる舌状花の花弁が白色であることから名付けられたものである。

　厚木市周辺ではカントウタンポポ、セイヨウタンポポが圧倒的で、シロバナタンポポは西日本に多く分布していて神奈川県内ではやや稀な、見つけると珍しがられるタンポポである。在来種のカントウタンポポ、シロバナタンポポと、外来種のセイヨウタンポポ、アカミタンポポとの見分け方は、総苞片 (そうほうへん　頭状花の裏側にあるガクに似たもの) が反り返る（外来種）か、否か（在来種）で見分けられる。キク科の多年草。

28 ヤマブキ（山吹）

　「やまぶき色」はこの花の色から例えられたもので、オレンジ色と黄色の中間色を言う。また、江戸時代には小判を隠語で「やまぶき色」と言っていたそうで、鮮やかな金色のイメージと重り合う色だ。林縁や道路の法面などに株立ちする低木で、たいがいの場合、枝先は斜面の下側方向に垂れている。

　有名な和歌の逸話からヤマブキには実がつかないと一般的には思われているようだが、花や花後に残るがくに比べると小さく不釣り合いだが、ちゃんと実をつける。筆者は子どもの頃、この茎の白いスポンジ状の髄 (ずい) を細棒で突き出し、口にくわえその感触を楽しんで遊んだ。太いのが欲しくて根元付近を切るが、意に反し茎の高い位置の方が太い髄が得られたことを覚えている。バラ科の落葉低木。

29 フデリンドウ（筆竜胆）

リンドウといえば秋のイメージがあるが春に咲く種類としてフデリンドウ、ハルリンドウなどがある。フデリンドウは小型で、明るい雑木林などで落ち葉に埋まるように咲いていることが多い。

青紫色で背丈の半分ぐらいの大きさの花を真っ直ぐ上向きにつける。花は陽があたっている時だけ開き、夜間、曇天、雨天時は蕾状態になって閉じている。花が閉じた形が「筆」に似ていることから名付けられた。

前年の秋に小さな葉をつけた茎を立ち上げ、春になるとすぐに開花し、木々が緑に覆われるころには一生を完結する2年草である。このように春の終わりとともに消えていく生き物をスプリングエフェメラル（春の妖精）と呼ぶことがある。同じ仲間にリンドウ、ツルリンドウなどがある。

30 ハンショウヅル（半鐘蔓）

花が半鐘（火事の時に打ち鳴らす鐘）のような形をしているところから名付けられた。

多くの植物では一番外側にあるがくは花より地味で目立たないが、ハンショウヅルのがくは大きく、色も鮮やかである。下を向いて咲くため花の外側が表面になることから、がくを発達させ昆虫の目を引くようになったのである。つる植物だが巻きひげを持たず、葉柄を周辺の灌木に絡ませて自らを固定する。巧妙な手段の持ち主だ。

林縁や郊外の道端などに生えている。光沢のある茶紫色の花は人目にも留まりやすく可愛らしい。観察会仲間では人気が高く、翌年にも自生地を訪れ再会を楽しみにする人もいる。

キンポウゲ科の落葉つる植物。同じ仲間に、センニンソウやシロバナハンショウヅル、園芸種のクレマチスなどがある。

31 ヤブヘビイチゴ （藪蛇苺）

　ヘビイチゴをご存知の人は多いが、ヤブヘビイチゴは意外と知られていない。ヘビイチゴより全体がやや大型だが、大きさから見分けようとしてもなかなか難しい。どちらも生育環境によって大きさが様々なためだ。

　ヤブヘビイチゴはヘビイチゴに比べ果床（かしょう　赤い苺の部分）が濃紅色で光沢があり、そう果（苺のぶつぶつ部分）にはしわがない。が、この違いも両者を比較しての違いである。結局、出会う度に特徴を確認し、目を肥やして両者の違いを会得するしかない。

　イチゴ類の多くは偽果（ぎか　イチゴ状果）と呼ばれ、可食部分は果床が果肉状に肥大したものである。本種は有毒ではないが食べてもスカスカとしていて味はほとんど無い。生育地の状況からヘビ（蛇）やヤブ（藪）などと名付けられたため、敬遠されがちで可愛そうな気がする。バラ科のつる性多年草。

32 フジ （藤）

　フジの花穂は逆さまに垂れ下がっているが、個々の花の上下の向きはどうなっているのだろうか。よく観察してみると小さな蕾の時には確かに逆さまだ。大きくなって開花するころには上下が正常な花の向きになっている。蕾みの成長とともに花柄をねじり、花の向きを変えているのだ。マメ科に特徴的な花の形を「蝶形花冠（ちょうけいかかん）」と言い、蝶のように左右対称な形をしているので、花の上下はすぐに分かる。花とともに蕾の向きにも注目して観察してほしい。

　フジは丈夫で柔軟性のあるつる植物で、昔は薪やそだ（小枝を束ねたもの）を縛るのに使われていた。太めのつるは裂いて細くしたものを用いた。筆者は子どものころ父の山仕事の手伝いでつる取りをしたことがある。素性のいい真っ直ぐなのがねらい目だった。山野に普通に自生。花は甘い香りがする。

33 キンラン（金蘭）・ギンラン（銀蘭）

　あるとき林の中でスコップを手にした人に声をかけたところ、ギンランを取りに来たとのこと。手ぶらで帰って行ったようで事なきを得た。美しいがゆえに乱獲され数が減り、近年では絶滅危惧種に挙げられるようになっている。

　厚木、愛川、清川には自生地が点々と残っていて、出会った時の感激はひとしおである。キンランの花は金色に輝き、それに対してギンランは白色であることから名づけられた。両者は同じような場所に生え、花期も同じ5月である。

　ラン科の植物の多くは「菌根菌」と呼ばれる菌類が根に寄生し、この菌に依存する特殊な生活形態を持つため、移植して家庭で育てるのは困難である。採集はしないで欲しいと願うものである。

34 ノアザミ（野薊）

　多くのアザミ類は秋に咲くが、ノアザミは唯一春咲のアザミである。日当たりのよい草むらや土手などに自生している。総苞（そうほう　頭花の基部の膨らんだ部分）が粘るのもこの種だけである。

　頭花を構成する小花には花びらがないが、赤紫色をした雄しべや雌しべが長く突き出ていて魅惑的な花となっている。チョウやアブを引付けるには十分である。

　蜜を吸いに訪れる虫が頭花の上を歩き回るとその刺激によって花粉が放出される仕組みになっている。虫がとまらないうちは花粉をしまっておいて無駄にしないためだ。虫に代わって指で優しく花に触れると、雄しべの先から白い花粉をにょきっと放出する。やってみてはいかがか。よく似た仲間にノハラアザミがあるが、こちらは秋咲きである。キク科の多年草。

35 キウリグサ （胡瓜草）

　キュウリグサは道端や畑、草むらなどに群生しているが、花は3mm前後で気をつけて観察しないと見逃してしまうほど小さい。明るい水色の花びらと、花の真中にある黄色い突起物との取り合わせが可愛らしい。また、つぼみのついた茎の先端が渦巻き状にまるまっていて、巻がほどけるごとに順次開花していく仕組みがおもしろい。ぜひ観察してほしい。

　キュウリグサは葉を揉むと清涼感のあるキュウリの匂いがすることからその名が付けられた。ぜひ、匂いも確かめてみてほしい。

　よく似た種類にハナイバナがあるが、葉と花が交互につき茎の先の方にいっても小さな葉があることと、花の中心部が白色なので見分けがつく。どちらも目を凝らしてみると、同じ仲間のヤマルリソウやワスレナグサにそっくりな花である。ムラサキ科の越年草。

36 オオバウマノスズクサ
（大葉馬鈴草）

　この花に出会うとびっくりする人がいる。なんでこんな形をしているのかと不思議がる人がいる。以前から探していたがやっと会えたと喜ぶ人がいる。身近に自生していながら花をつける株は少なく、観察会常連の参加者でも初対面の人がいて、花の前でひとしきり盛り上がることがある。

　長い花柄の先につく花は筒状で途中が曲がっていて、吹奏楽で演奏されるサクソフォンの形に似ている。開いている筒の口部は紫褐色の筋状の斑紋が多く、不気味な印象がある。開口部以外は白い細毛が多い。おしべやめしべは筒の奥にあって見えない。

　ウマノスズクサ属の植物は、ジャコウアゲハの幼虫の食草として知られている。山地の林内に生える。名前は果実の形が馬の首につける鈴に似ていることから名づけられた。ウマノスズクサ科のつる植物。

37 テイカカズラ（定家葛）

　テイカカズラの「テイカ」について調べていくと、鎌倉時代の歌人で百人一首の選者として、また、新古今和歌集などを編纂した藤原定家のことで、愛する人の死後、彼女を忘れられず蔓（つる）となって墓にからみついたと言う伝説に由来していることが分かった。定家の怨念のような深い思いを、気根（つるの途中に出る根で、茎を固着する役目の根）によって固くからみ付く植物に例えて語られてきたことから生まれた伝説のようだ。「カズラ」とは蔓（つる）のことである。
　テイカカズラは幼木時と成木時では別の植物かと思われるほど葉の質感や大きさが異なる。花はプロペラ型をしている。開花すると芳香性のある匂いがある。実は長さ20cm程の細長い袋果（たいか）となる。種子には3cmほどの冠毛（かんもう）がある。キョウチクトウ科の常緑つる植物、有毒。

38 クスダマツメクサ（薬玉詰草）

　花序（花の集まり）がくす玉のような形をしていることから名付けられた。鮮黄色の蝶形花冠（ちょうけいかかん　蝶のような形をした花＝マメ科植物の花）の集合花で直径が5mm程である。花弁に縦すじのしわがある。河川敷や市街地の空き地にしばしばマット状に群生しているのを見かける。可愛い花がびっしり生えている姿は散策時には人の目にとまり易く、注目度は高い。
　花期は6-8月。ヨーロッパ原産で、日本では1940年代に確認された帰化植物で、厚木市周辺には2000年ごろから広がった。
　よく似た仲間にコメツブツメクサがあるがこちらは花序の花の数が少なく花冠は米粒のように小さいので区別できる。マメ科の1年草。

39 マタタビ （木天蓼）

　厚木、愛川、清川の林縁や谷筋に眼をやると、周囲の木々に絡む蔓（つる）性の植物の白い葉が眼にとまる。マタタビの葉で、花の時期だけに見られる現象である。花は葉に隠れて地味で目立たない分、昆虫を引きつける効果は十分ありそうだ。

　雌雄異株（しゆういしゆ）で雄花だけの株と雌花や両性花をつける株がある。果実は3cmくらいになり秋に黄熟する。虫こぶのできた果実は木天蓼（もくてんりょう）と言い生薬や果実酒の原料として用いられている。

　また、この植物の香気に触れた猫が恍惚感に浸って特異な反応をすることはよく知られている。近縁種にサルナシや果物のキューイフルーツがある。マタタビ科の落葉蔓植物。

40 ウツギ （空木）

　茎が中空のため「空木（うつぎ）」と呼ばれる。また、この木に咲く花を「卯の花」と呼ぶ。「♪卯の花の匂う垣根に…夏は来ぬ〜♪」と歌われているように、初夏にあたる旧暦の卯月ごろに咲く。匂いはあまり感じないが、人の生活圏のどこにでも生えていて身近な花であるという意味で「卯の花の匂う垣根」と詠んだのではないだろうか。

「ウツギ」と名のつく植物は沢山あり、様々な科にまたがって名付けられている。スイカズラ科のツクバネウツギ、バラ科のコゴメウツギ、ミツバウツギ科のミツバウツギなどで、いずれも茎が中空である。

　根元から出る新梢は素性がよく軽いため、筆者は子どもの時のチャンバラ遊びの刀に好んで使った。本種ウツギはユキノシタ科で、ヒメウツギ、マルバウツギ、などと同じ仲間で、いずれも落葉低木ある。

41 オオキンケイギク（大金鶏菊）

　オオキンケイギクは「大金鶏菊」と書く大きな金黄色の菊である。すごい見立てから名付けられたものである。厚木、愛川、清川では河川敷や造成地、市街地でもよく見かけるようになった。北アメリカ原産で近年繁殖地を猛烈な勢いで広げている。

　2004年に制定された「特定外来生物による生態系にかかわる被害の防止に関する法律」の対象となった植物の1つで、大群落をつくり易い河川敷や草原ではカワラニガナ、ヒロハノカワラサイコ、カワラノギクなどの日本固有の植物を駆逐してしまうなど、生態系の異変や破壊を引き起こすことが危惧される。このため栽培や移動、植栽、輸入等が禁止されるようになった。鑑賞植物として親しまれている一面もあるが、強健がゆえにもたらされる日本の風土が育んだ生態系への被害は避けたいものである。キク科の多年草。

42 ハルシャギク（波斯菊）

　写真の場所はどこだろうと興味を持たれた人がいるかと思う。河川敷一面に咲き誇るハルシャギクは見事と言う他はない。人が種をまいたものではない。何年もかかって徐々に広がったものでもない。この年突然にして大群落が形成されたものである。

　ハルシャギクはコスモスに近い仲間で、北米西部原産の帰化植物。猛烈な繁殖力で、河原の砂利が広がる荒地もいとわず繁茂占有する驚くべき植物である。

　ハルシャギク属の植物のうち、オオキンケイギクは外来生物法で「特定外来生物」に指定され、栽培も移動も禁止、必要な場合は防除となっている。また、このハルシャギクを含め同属の植物の輸入には「種類名証明書」の添付が必要とされている。

　キク科の2年草。市街地周辺の荒れ地や路傍に見られる。

43 サイハイラン （采配蘭）

　和名の由来は花序の形が戦国武将の戦場で兵を指揮する采配に似ていることから名付けられたとのこと。花茎は30～50cmの高さにまっすぐ立ち、紫褐色の花を10～20個下向きにつける。

　人里近くの林内や明るい竹藪などに生えている。花が地味なために人に注目してもらえない運命にあるためか、株を掘り取られることも少なく結構見かける植物である。

　キンランなどが掘り取られた跡を見かけるが、ラン科植物の多くは菌根菌（きんこんきん）と
言う菌との共生関係にあるため、掘り起こして持ち帰っても、土質環境の変化から共生関係が断たれ、偽鱗茎（ぎりんけい　栄養を蓄える根っこ状の器官）に蓄積された養分で開花もするが、多くの場合は数年で養分の蓄積がなくなり衰弱枯死してしまう。自然の植物は自然の中で愛でることで、植物も人も幸せを感じるものであると常々思う。

44 ムラサキカタバミ （紫片喰、紫酢漿草）

　桃色のカタバミと言えばイモカタバミの方が知名度があり、花壇でも見かけることがあるが、ムラサキカタバミ(実際は桃色に近い色)は観賞用として導入されたにもかかわらずあまり好かれていないようだ。原因は一度侵入を許
すと駆除することが難しく害草化するからであろう。

　土の中の鱗茎（栄養を蓄える芋状の器官）で増えるが、土の中深い所で大量の鱗茎（りんけい）を生産し、また、地上部を引っ張ってもちぎれてしまい抜くことができない。この植物の繁殖に見舞われた庭や畑では取り除くための戦いが毎年行われている。花は形が整い色鮮やかであるが種子はつけない。地下の鱗茎で効率よく増える能力を高め、種子を作ることをやめてしまったのである。南アメリカ原産。環境省の「生態系被害防止外来種」に指定されている。

45 ドクダミ（毒溜・毒痛）

「ドクダミの花には花びらもガクもない。」と言うと、反論が返ってきそうだ。花びらのように見えるのは「総苞（そうほう）」と言って葉が変形したもので、真中の雌しべのように見える部分は花穂で、沢山の花びらのない小花が集まったものである。目を近づけて見ると本物の雄しべと雌しべが無数にあることが分かる。ドクダミは小花が集まって大きな一つの花に見せているのである。ぜひ、観察してみては。

　ドクダミは生薬名を「十薬」と言い、様々な薬効成分を含み、日本薬局方にも収載されている。利尿・だん下、血圧調整、消炎などの効用があり古くから民間薬として用いられてきている。ドクダミ茶はよく知られているが、多様な薬効にあやかったドクダミ蜂蜜やドクダミ石鹸、ドクダミ化粧水なども市販されている。ドクダミ科の多年草。

46 クリ（栗）

　クリの花は地味な薄黄色だが、満開時には樹冠全体を覆い尽くすような勢いで多数の花を咲かせることから、クリの木の存在はすぐに気付く。クリの仲間（ブナ科）は風媒花で地味な花が多いが、クリは虫媒花であるため目立つ必要があるからだろう。独特の匂いに誘われ群がる昆虫たちの数も多い。ミツバチも４月のレンゲから５月のニセアカシア、そして６月のクリと蜜源を渡り歩いている。

　写真中央の小さい花が雌花、クリの赤ちゃんだ。雄花はブラシ状の長い花穂にびっしりと咲く。野外で実物の観察をお勧めする。

　山野に自生するものは「山っくり」と呼ばれ、栗の実は栽培種より小型。筆者は子どものころ、茶色く熟れた「金（かね）っくり」になるのが待ちきれず、若い「白（しら）っくり」を生で食べた。こりこりとした甘い味を覚えている。ブナ科の落葉高木。

47 ヤブデマリ （藪手鞠）

　山野でこの花に出合うとうれしさあまり小躍りするのは筆者だけではないと思う。公園や園芸店から逸出して生えているのかと思うほど園芸花木に勝るとも劣らない魅力的な花である。

　花は種子植物の繁殖器官であり、受粉することによって花の内部で受精が行われ種子がつくられる。虫媒花（ちゅうばいか）の受粉は昆虫が仲立ちする。花の色、形、大きさ、香り、蜜などは昆虫を引き寄せるためである。ヤブデマリの花は小さく花びらも退化。目立たないこの花の受粉を可能にするのが、花の周りにある大きくて真っ白な飾り物なのだ。装飾花（そうしょくか）と言って花びらに見せているもので、花穂全体が一つの花のようになって、真ん中に位置する小さな花に昆虫を集め、一度にまとめて受粉させようとする知恵なのだ。やや湿った林内に生育。スイカズラ科の落葉小高木。

48 ノイバラ （野茨）

　「野ばら」と言えば、野山に自生するバラ科バラ属の種類を総称したものである。そのうちの一つノイバラは市街地でも見かける最もポピュラーな野ばらである。テリハノイバラは河川敷や山地の陽光地などに、アズマイバラは丘陵地から山地に、モリイバラは山地の高所にと住み分けている。

　花びらの白色と雄しべの黄色との取り合わせが清楚な花に引立てている。また、甘い香りを放ち吸蜜に訪れる昆虫の種類も多い。つぼみの時から丸く膨らんでいる子房の形にも注目に値する。

　和名は「野」に咲きトゲ「茨（いばら）」があることからノイバラ「野茨」となった。園芸花木の薔薇類はこのノイバラを台木とした接木法で苗木の生産を行っている。たくましい生育力を利用したものだ。実は晩秋に赤熟する。落葉低木。

第 3 章 あつぎの花めぐり

49 フタリシズカ（二人静）

　フタリシズカとともにヒトリシズカがあることは多くの人がご存知のようだが、2つの違いを勘違いしている人もいるようだ。フタリシズカが単独で生えているのに対してヒトリシズカは群生しているので、一人ではないではないかと。また、一株に付く花穂の数で言うと、フタリシズカは2本とは限らず、1本のものや3～5本付く株もあるではないか。と言ったことが原因のようだ。

　2つの決定的な違いは開花時期だ。ヒトリシズカが早春に咲き、フタリシズカはそれより1ケ月以上後である。開花時の背丈や葉の大きさ、おしべの形も違う。里山歩きを1ケ月の間を置いて2回すると納得できる。

　…シズカは「静」で、義経とともに数奇な運命をたどった「静御前（しずかごぜん）」に由来するとのこと。雑木林の林内に自生するセンリョウ科の多年草。

夏

50 ウグイスカグラ（鶯神楽）

　新芽の春の動きは早く、葉が出ると同時に、葉腋から伸びる細長い花柄に淡紅色の花を下向き咲かせる。葉の柄の基の部分が扁平になり、向かいあった2つがつながって刀のツバのような形になって枝に残っていることがある。

　果実は楕円形で初夏に赤く熟す。やわらかく弾力のある液果は日に当たると透き通るような光沢がある。筆者は子どものとき、庭先の藪で時期が来ると毎年この実をつまんで食べていた。実の大きさは長さ0.3～1.5cmの大小様々であり、大きな実を見つけるとうれしかったことを覚えている。癖のない甘酸っぱい味だった。ウグイスカグラは厚木地域ではゴロゲとかゴリョウゲとも呼ばれている。いずれも名の謂われは不明だが、雑木林があればたいがいは見かけることができる。スイカズラ科の落葉低木。日本の固有種である。

51 ツユクサ（露草）

写真から、花びらは2枚ではなく3枚あることがお分かりですか。雄しべは、長、中、短の3タイプあるのがお分かりでしょうか。また雄花と両性花を区別できますか。実物をじっくり観察してみてください。ただし、この花は昼までにはしぼみ苞の中にしまわれてしまいます。そのようすも観察してください。昆虫の訪問がないと雌しべの先と長い雄しべが丸まって自花受粉をすることがある。

ツユクサはいたる所に生え、ありふれているので、ちょっと眺めて済ませがちであるが、よく見ると面白い面が色々ある。

筆者の母は蛍草（ほたるぐさ）と言っている。他に帽子花（ぼうしばな）、青花（あおばな）などの別名があるようだ。中学校の理科では手に入り易いため気孔の観察に葉の表皮を使うことがある。ツユクサ科の1年草。

52 モミジイチゴ（紅葉苺）

モミジイチゴは、山野にごく普通に生える高さ1mほどの棘のある落葉低木で、葉がモミジの葉に似ていることから名付けられた。

厚木、愛川、清川ではキイチゴとも呼ばれるが、木に生（な）ることから「木苺」と考えがちだが、木に生る苺は他にもある。黄色い実が生ることから「黄苺」の方が意味合いは近い。

筆者は子供のころ、近所の仲間と連れ立ってこの苺を採って歩き、半分は頬張り、半分は蓋付きの弁当箱に入れ持ち帰り、甘酸っぱいその味を楽しんだ。箱の中でつぶれて溜まった果汁は何にも増して美味しかったことを覚えている。早春にヤマブキに似た白い花を開き、実は5～6月に黄熟する。

バラ科の落葉低木。同じ仲間にクマイチゴ、ナワシロイチゴ、ニガイチゴなどがある。

53 エビガライチゴ（海老殻苺）

　甲羅がエビ茶色で表面に赤いトゲが生えているものと言えば伊勢エビのことだ。野山にあって伊勢エビのような色ととげのある植物は何かと言えば、迷わずエビガライチゴだ。それほどエビのイメージを重ることができる植物である。幹も小枝も葉柄も鋭い赤いトゲと長い毛が密生（みっせい）している。和名の由来は言うまでもなくエビ殻のようであることから。

　花の外側にも赤色の長い腺毛（せんもう）が密生している。開花すると5枚の萼（がく）の内側は白く花びらのように目立つ。花びらはと言うと、おもしろいことに内向きに反っていて外に向かっては開かない。どうしてこのような咲き方をするのだろうか、観察し、答えを推察してみてはいかがでしょうか。

　果実は直径約1.5cm、赤く熟し、食べられる。バラ科。似た仲間にモミジイチゴやニガイチゴ、ナワシロイチゴがある。

54 クマイチゴ（熊苺）

　山地の伐採地跡や林道脇などでよく見かけるバラ科キイチゴ属の植物である。根は地下を横に這い、タケノコのように新芽を発生させる。茎は赤紫色で黒っぽい斑点があり、刺も多い。

　出芽した年はもっぱら成長するだけで、開花、結実は2年目になる。クマイチゴは密生（みっせい）した茂みを形成するため、このヤブに入り込むと逆刺の棘に捕まって痛い目に遭う。他のキイチゴ類に比べ、大型で猛々しい様子を熊に例えて熊イチゴとなった。

　花は4月～5月、背丈に似合わず花は小さく、白色の花びらは細身でしわがある。果実は直径1.5cmほどで、6月ごろに赤く熟すと食べごろとなる。味は濃厚で甘酸っぱい。同じ仲間に、モミジイチゴ、ニガイチゴ、ナワシロイチゴなどがある。

55 ネジバナ （捩花）

　ネジバナは、ラン科では珍しく日当たりのよい芝生や土手、公園などの人間の生活圏に近い所で普通に見ることができる小型の植物である。

　名前の通り茎がねじれていて花がらせん状に連続して付くが、さて、左・右どちらに巻くか、ねじれ具合はどうか、確かめていただきたい。きっと発見があるかも。また、花は小さいため、その可憐な姿は虫眼鏡での観察がお勧めで、花弁は5弁が淡紅色で、唇弁（下向きの花弁）だけが白く下向きに反曲して、園芸植物のカトレアによく似ている。

　別名をモジズリとも言うが、厚木、愛川、清川ではネジリンボウと言う人もいる。花期は6月～9月。白花もありシロネジバナと言う。

56 クワ （桑）

　クワと言えば蚕の餌となる植物で、養蚕の盛んだった昭和の半ばころまでは市内のいたる所に桑畑があり、絹の原料である繭の生産が行われていた。地図記号［Ｙ］にもなったほど、桑畑は普通の風景であった。農家の周辺には今でも名残（なご）りの桑の古木を見かけることがある。

　雌雄異株（しゆういしゅ）なので「桑の実」を付けるのは雌株だけ。初夏に熟して艶やかな赤黒色に熟したものを「どどめ」と呼ぶ。今風には「マルベリー」と言う。

　赤とんぼの歌に「♪山の畑の桑の実を…♪」と唄われているように、いなか育ちの人の中には甘酸っぱいこの味を知っている人もいるのでは。筆者は、たくさん食べ口や舌が紫色になり、それを見つかって「赤痢になるぞ！」と親に怒られた思い出もある。クワ科の落葉高木。同じ仲間にヤマグワがある。

57 オモダカ（沢瀉、面高）

　田植えが済むと、水の張られた水田には多くの動植物が姿を見せる。ゲンゴロウやオタマジャクシなどが活発にイネの株間を動き回る姿を観察するのも楽しい。オモダカやコナギなどの湿性植物もこの時を待っていたかのように姿を現してくる。水田は水辺を棲みかとする動植物の楽園となる。

　オモダカは水田の雑草として普通には生える。農家にとってはヒエなどと並んで厄介者扱いだ。葉は矢じり形で、上部の裂片よりも下部の裂片のほうが長い。名前は葉のかたちが人の顔に見えることからと言われている。一度じっくり見てイメージしてみてはいかがか。

　伸びた茎の先端に雄花を咲かせ、下部に雌花を咲かせるが、同花受粉を避けるため下部の雌花が先に咲く。オモダカ科、塊茎（かいけい）で冬を越す多年草。

58 マヤラン（摩耶蘭）

　土地の改変がないなど環境が安定した自然林の林床に生えるラン科の植物。夏に突然地表に姿を現し、白に赤紫の筋の入った花を咲かせる。秋になって同じところにもう一度出現することもある。が、翌年も同じ場所に咲くとは限らない。

　葉は退化して鱗片状。葉緑素は持っていないため光合成の能力はない。栄養分は地下茎の中にいる菌類（キノコなど）からもらっている。こういう植物を菌従属栄養（きんじゅうぞくえいよう）植物または腐生（ふせい）植物と呼んでいる。菌類も植物の根を腐朽（ふきゅう）させて栄養を得る腐生植物である。林を構成している植物と、これを頼りに生きる菌類と、菌類と共生関係にあるマヤランとの三者の微妙な関係の上に生育する植物であるため個体数は少ない。綺麗で可愛い花である故、持ち去る人がいる。移植しても栽培はできない。自然の中で観賞して欲しものだ。神奈川県では絶滅危惧種に挙げられている。

59 ヤマアジサイ （山紫陽花）

　色鮮やかで大輪の園芸種を見慣れているため、ヤマアジサイの小型で白を基調とした花には物足りないと感じる人がいるかもしれない。一方で、素朴さや野趣、季節の風情を醸し出すところに植物の魅力を感じる人もいるかもしれない。ヤマアジサイは自然のたたずまいとして山に生えている姿が一番似合う植物である。山で出会うと決してさびしい花ではなく人を引付けるに十分な魅力を持っている。

　周囲の大きな花は装飾花（そうしょくか）と言い、ガクが発達したもので種子は出来ない。中心部にある多数の小さな花（両性花　りょうせいか）に昆虫を誘引するための目印の役目をするものである。

　里山から山地にかけてやや湿った半日陰に生育している。樹高は 1m 以下。ユキノシタ科の落葉低木。

60 イワタバコ （岩煙草）

　図鑑などには「葉がタバコに似るのでこの名がある」と書かれたものがあるが、タバコがどんな植物かを知らない人には納得できない。タバコは栽培植物で、株の形も大きさも葉の様子もイワタバコとは全然違う。特に、イワタバコは縮んだ緑色のかたまりの越冬芽で冬を越し、春にしわを伸ばしながら萌（もえ）出ていくが、葉を広げた後にも皺（しわ）くちゃさが縮緬状に残ることもあり、タバコの滑らかな葉とは程遠いイメージである。

　確かに葉の形だけはタバコに似ている。他に例えるものがあったら違った名前になっていたであろう。ちなみに生薬名では岩萵苣（いわぢしゃ）と呼ばれている。厚木市内では山間の日陰の湿った岩壁に着生している。花期は 7 月末〜8 月初旬。イワタバコ科の多年草。

61 イチョウウキゴケ（銀杏浮苔）

　市内の棚田は谷戸（やと）に開かれた水田がほとんどで、山から湧き出る清水によって潤されている。そのため、以前耕作されていた棚田の跡地は湿地環境が持続している場合が多い。また、細長く入りこんだ地形のため外来種の侵入も限定的で、在来の植物を中心とした群落が形成されている。

　昨年開園した「あつぎこどもの森」で園内の棚田跡を水田に復元したところ、昨今ほとんど観ることができなかった植物が姿を現してきた。ミズオオバコ、ミズニラ、イトモなどで何れも絶滅危惧植物である。イチョウウキゴケもその一つで、良好な湿地環境の復活を裏付けるものである。動物の棲家としての環境も復活しつつあり、ホトケドジョウなども増えてきた。こどもの森を訪ねてみてはいかがでしょうか。プロジェクトチームの案内がある。

62 オトギリソウ（弟切草）

　名前のいわれを調べていくと、平安時代に、晴頼（せいらい）という鷹匠（たかしょう）がこの草を素にした秘薬で鷹の傷を治していたが、ある日、人のよい弟がその薬草の名を他人に漏らしてしまい、これを知った晴頼は怒って弟を切ってしまったという伝説から「弟切草」と呼ばれるようになったとのこと。

　名前は怖いが見た目は可愛い植物である。茎の先端部に鮮やかな黄色い花を次々に咲かせる。また、2つの葉が向かい合って茎を抱くように付いていて、茎の上下の葉の位置取りが90度の角度で規則正しく葉の向きを変えている。葉を透かして見ると、黒い細かな油点（ゆてん）が散在していてオトギリソウならではの特徴となっている。

　日当たりのよい草原や山野の道端などに生育。オトギリソウ科の多年草。同じ仲間にトモエソウやコケオトギリなどがある。

63 ワルナスビ（悪茄子）

　ワルナスビは野菜のナスにそっくりの雑草である。繁殖力が旺盛な上に、全草にソラニンという有毒な物質を含み、茎や葉には鋭い刺を持っている。このため、家畜に被害を与えたり、農作業の邪魔をしたり、作物の品質を低下させたり、さらには作物のナスやジャガイモなどの害虫の温床ともなっている。

　地下茎を伸ばして瞬く間に大きな群落になる。トラクターで鋤き込むと、切れた地下茎から芽を出してかえって増殖してしまう。たちが悪い雑草として農家からは嫌われている。名前は「悪茄子」である。

　アメリカ東部原産の外来種で、昭和の終わりころから目につくようになった。外来生物法で「生態系被害防止外来種物」に指定されている。ナス科の多年草。

64 キヌガサタケ（衣笠茸）

　生きものは生存競争に勝ち、子孫を残すことのために有利となる形や性質を、長い進化の過程を経て身に着けてきている。キヌガサタケの奇怪な容姿を見るとどんな有利さがあるのかと考えてしまう。

　釣鐘型のカサは直径3cmほどで、頂には白色の輪があり、そこに孔が開いている。表面は暗い緑褐色で網目状模様がある。奇怪さはそれだけにとどまらず、牛糞に似た強い悪臭を放ち、触るとぬめりもある。また、カサの内側から伸びた端整な白いレース編みのマントは、他のキノコにはない高貴な雰囲気を醸している。さらに驚くことは、発生から消滅するまで数時間で完結してしまう短命なキノコでもある。

　梅雨時期の竹林や周辺に発生する。観察は姿が消えてしまわない朝の内にぜひ。

65 チダケザシ（乳茸刺）

茎の先につく花穂は、主軸から短い側枝を出して円錐形をしている。花穂は淡い紅色の小さな多数の花を咲かせ好印象だ。また、茎や花穂枝には白っぽい腺毛（分泌物の付いた毛）がたくさん生えていることもこの種の特徴である。

こどもの時、田の草取りの手伝いで我が家の田んぼへ向かう畔道に、赤い茎にピンクの花をつけたチダケザシが生えていた。この株だけは草刈りが毎年避けられていて、自宅周辺には見かけない植物として子どもながらに記憶している。草刈り作業する人にとっても大切にしていた一株だったのではないかと思う。

同じ仲間にアカショウマ、園芸種のアスチルベがある。日当たりを好むユキノシタ科の多年草。

66 ヤマユリ（山百合）

花は大きく、花弁は白色で赤褐色の斑点があり、先端は反り返る。開花すると甘い香りが周辺に漂い、この時期の風物詩の一つとなっている。花は普通数個付けるが、大きな株で茎が扁平になり帯化現象（たいかげんしょう）を起こしたものは100個前後の花を付けることがある。

丘陵地の林縁や日当たりのよい土手に生える。花の大きさや香りは山野にあって魅力的で、また、神奈川県の「県の花」でもある。草刈り後に刈り残されている株を見かけることがあるが、刈る人の優しい配慮であろう。

筆者は小学校のころ、通学路の学校坂でこの花を取って帰る際に赤褐色の花粉が服に付き、洗濯でも落ちないと母に嘆かれたことがある。また、暮れになるとユリの根（リン茎）を堀ってきんとん風に煮て、正月の食卓に並ぶこともあったことも覚えている。ユリ科の多年草。

67 ノカンゾウ（野萱草）

　厚木市内の人里に咲く夏を代表する花の一つにノカンゾウがある。同じ時期に同じような場所に咲くヤブカンゾウは八重咲きであるのに対し、ノカンゾウはニッコウキスゲのように端正な一重咲きであることから区別できる。ヤブカンゾウに比べると数は少ない。ノカンゾウは昼間だけ咲く一日花で、翌日は次の花にとって代わる。また、せっかくきれいに咲いて多くの昆虫を呼び寄せても、種子はできず、繁殖が目的であるはずの花の役目は果たしていない。地中の根茎（こんけい）を伸ばして株を増やすことができるからだ。

　ノカンゾウはワスレグサとも言い、美しいこの花を見ているとものも忘れてしまうという漢語の故事に由来するそうだ。

　若葉は山菜として和え物、お浸し等で食べられる。ユリ科の多年草。

68 コナラのチョッキリ

　まだ青いコナラのドングリが小枝に付いたまま落ちていた。どれもほぼ同じサイズだ。よく見ると枝の切り口は平らで、鋭利な刃物で切られたようだ。高い梢の枝を何者が切り落としたのか。さらによく見ると、ドングリの殻斗（ドングリの帽子状の部分）に小さな穴が開いている。

　こうした発見や気づいた疑問から興味を膨らませていくことが、自然の不思議を知る始まりになり、面白いところだ。

　ハイイロチョッキリと言う体長8mm程の昆虫がドングリに産卵した後、枝を切り落としたもので、幼虫はドングリを食べて育ち、土の中で蛹になり、翌年に羽化する。葉付きの小枝ごと落とすのはなぜ。切り落とす刃物は。落ちているドングリではだめなのか。興味は尽きない。道端で青いドングリを見かけたら、足を止めて見てください。

69 ガマ（蒲）

　ガマの穂は、成熟した種子と綿毛からできているが緻密で固たく、形はフランクフルトソーセージのようである。

　ガマは湿地の植物で休耕田や沼地に生育し、水中の泥の中に地下茎をのばし群生する。花びらは無く花粉は風によって運ばれる。雌雄同株で雄花は穂の先につき、受粉後穂が成熟するころには棒状の芯だけが残こる。雄花のついている位置が、ヒメガマ、コガマとの区別点になる。晩秋になると穂は風によってほぐれ、種子の付いた綿毛となって舞っていく。

　因幡（いなば）の白兎（しろうさぎ）が「大黒様の言うとおり蒲の穂綿にくるまれば、ウサギは元の白兎」と大黒様に教えられたのは、ほぐれてふわふわになったガマの穂綿である。ウサギの毛に似た感触がある。ガマ科の多年草。

70 カワラニガナ（河原苦菜）

　語尾に「ナ（菜）」が付く植物は昔から山菜として食べられてきている。野菜では「ナ」とともに「サイ（菜）」と呼ばれるものもある。何れも「菜っ葉（なっぱ）」である。

　ニガナ（苦菜）は文字の意味する苦い味から名付けられたが、同じ仲間にはヤマニガナ、イワニガナなど種類が多く、全部が食べられていたかは疑問である。カワラニガナは、河原の乾燥した砂礫の地面で、夏の日射にさらされる厳しい環境に生える植物である。普通の植物には耐えられない環境のため、他の植物に邪魔されることのない河原を生育場所として選んだと言えるのだ。

　近年、中津川をはじめ多くの河川で、河原環境の変化から生育地が失われてきている。環境省や神奈川県では絶滅危惧種（ぜつめつきぐしゅ）に指定している。キク科の多年草。

71 ハグロソウ （葉黒草）

　花をよく見ると花弁は2枚しかない。さらによく見ると雌しべは1個、雄しべは2個しかないシンプルな花である。が、花弁は唇型で上下に反り返るまで開き、内側には赤褐色の斑紋をまぶしていて、色や花姿は他の花に見劣りすることはない。
　名前は、この斑紋のイメージが江戸時代の既婚女性が染めていた「お歯黒」に例えられたと言う説があるが、葉が濃い暗緑色で、他の植物に比べ「葉黒」であることから命名されたとする説の方が有力である。
　やや湿った林縁などの半日陰に生育するが、厚木・愛川・清川では生育地は少なく稀な存在である。背丈は50cm程で、まばらに枝を分岐して他の植物に寄り掛かるように生えている。キツネノマゴ科の多年草。

72 コゴメカヤツリ （小米蚊帳吊）

　真夏の畑の雑草と言うと、除草の主役はメヒシバとカヤツリグサである。メヒシバは地面に広がっていて、引っぱっても千切れてしまうほどの強靭な根を張っている。また、除草の適期を逃すと爆発的に成長し、手に負えなくなる。
　対するカヤツリグサは、数は圧倒的だが、茎はまっすぐ伸びていてつかみ易く、根はやわらかく簡単に抜くことができる。また、除草中には清涼感のある独特の香気が漂い、メヒシバとは大違いである。
　子どものころの畑の草取りの手伝いは、照りつける太陽のもと、畝（うね）の先を見ると気の遠くなる作業だった。
　コゴメカヤツリの和名は穂が稲のように見えることから名付けられた。畑の雑草としてはカヤツリグサより多い。1年草。同じ仲間にヌマガヤツリ、ミズガヤツリなどがある。

73 タケニグサ（竹似草）

　タケニグサは、全体に白みがかった緑色している。成長が早く大柄になる。山地の日当たりの良い荒れ地や山裾の畑などに普通に生える。千切ると橙色の汁が出る。根も濃い橙色をしているなど、見た目の特徴から他の植物とは見間違うことはない。

　筆者は子どもの時、「開墾畑（かいこんばたけ）」と呼んでいた山の畑に農作業の手伝いに行く度に、畑に群生するタケニグサに出合った。しばらくの期間をおいて行くと見違えるほどに成長していて、触るとかぶれるのではないかと除草作業が怖かったことを覚えている。赤い汁はかぶれるだけではなくアルカロイドを含んでいるため有毒である。名前は茎が中空で「竹に似ている草」から付けられた。伐採跡地や新しい造成地などに先駆的に出現する。ケシ科の一年草。

74 クサギ（臭木）

　葉を揉むと臭いにおいを発することから初対面でもすぐに覚えられる植物である。においとは違い花は綺麗でよく目立つ。ガクは赤、花びらは白のコントラストで、甘い香りがある。真夏の日中にはアゲハチョウ類がよく訪花し、花の咲く梢の周辺を飛び回っているのを見かける。秋には赤いガクが全開して紺色の実が現れる。

　筆者は子供のころ、この立木の根元に巣食う鉄砲虫を取り、焙烙（ほうろく）で焼き、醤油をつけて食べた。タンパク質系の香ばしい味を覚えている。疳（かん）の虫に効くと言われた。

　ほとんどのクサギはこの虫によって樹齢の若いうちには枯れてしまい、大木を見たことがない。厚木、愛川、清川では山麓や樹木の伐採跡地などに生育している。クマツヅラ科の落葉亜高木。

75 ヘクソカズラ （屁糞蔓）

　不幸にして変な名前が付けられてしまったのは人に好まれない臭いがあるからだ。

　花は白と赤の配色にビロード状の細かい腺毛が密生やしていて、可愛らしさでは他に引けを取らない。また、果実は晩秋から初冬にかけて光沢のある金色の石果となり、飾り物のリースの材料に重宝されている。ちなみに乾燥した果実は臭いはない。

　厚木、愛川、清川では日当たりの良いところであればどこにでも生えている。住宅地の植え込みや道路脇のフェンスなどに絡まっているのをよく見かける。

　ヤイトバナ（灸花）、サオトメバナ（早乙女花）等の異名もあり、こうした呼び名から見ると印象もだいぶ違って、綺麗で可愛く見えてくるものである。アカネ科の落葉つる植物。

76 スズメウリ （雀瓜）

　熟すと赤くなるカラスウリは普通に目にするが、同じ仲間のスズメウリはやや稀である。果実は細長い果柄の先にぶら下がるように付く。直径 1〜1.5cm の球形で熟すと白色になる。第一印象は「かわいいウリ」である。大柄のカラスに対してスズメとは納得がいく名前である。

　花は雌雄異花で雄花は上向きに咲き、雌花は垂れ下がって咲く。どちらも白色の花弁が5裂に分かれる花姿がかわいい。

　用水路脇、河川敷、湿った林縁などに生育するウリ科のつる性1年草で、葉と対になった巻きひげで他の植物に絡まっている。

　同じ仲間に緑のカーテンなどに使われるオキナワスズメウリがある。

77 エゴノキ (漢字名なし)

　たまご形の果実は1cm程の大きさで灰白色をしている。果皮に界面活性作用のあるサポニンを多く含むので昔、若い実を石鹸のように洗剤としていたそうだ。また、魚毒性があるので、すりつぶして川に流すと魚が浮いてくると子どものころ聞いた。毒流し漁である。
　秋になって実が熟すと、果皮が裂けて褐色の種子が露出してくる。このころ、この種子を好物にしているヤマガラがやってきて、嘴で突いて食餌している光景に出合うことがある。エゴノキは山野に普通に生えている。虫こぶのついた枝が多く、特に、猫の足型を連想させるような面白い形をしたエゴノネコアシアブラムシと呼ばれる虫こぶが目につく。新梢の成長期に形成され、冬になっても枝の一部として枯れた猫足がぶら下がっている。
　エゴノキ科の落葉高木。若い果実を口にするとエグイ味がするためこの名となった。

初秋

78 ツルボ (蔓穂)

　厚木、愛川、清川の田の畔や丘陵地の土手では、生い茂った夏草が刈り払われると待っていたかのようにツルボが一斉に花穂を伸ばし、その場を占有している姿を見かけることがある。
　ツルボは春に一度葉を伸ばし十分陽を浴びて地下の鱗茎に栄養を蓄え、他の植物が茂るころには休眠に入り、8月半ばを過ぎると再び葉や花穂を伸ばすという生活スタイルを持っている。これは、夏草の生い茂る時期を避け、また、人の手による田畑の管理作業に都合よく合わせているかのようである。
　以前に標本を作るため押し葉にしたところ1ヶ月たっても乾燥せず搾葉板（さくようばん）の中で花を咲かせていて驚いたことがある。人を利用したり、人に抵抗したり、たくましい植物である。ユリ科の多年草。

79 コマツナギ （駒繋）

　日当たりの良い、乾燥した川原、土手、道端などに生える草本状の小低木。茎や根が馬（駒）を繋いでおいても抜けないくらい丈夫なことからこの名が付けられた。

　葉は奇数羽状複葉（複数の小葉が先端と左右に羽状に付いている葉）でマメ科に多く見られる葉の形である。葉を枝からこき取って両手で軽く揉み、その手のひらを頬にあてるとチクチクする。葉に細かな針状の毛が生えているためだ。子供のころの遊びの思い出である。畑道で暑さにめげずに健気に咲くピンク色の花を見ると、汗を拭き、ほっと一息入れたくなる清涼感がある。近年、厚木、愛川、清川には2mを超す巨大なコマツナギが出現している。中国原産で、道路工事後の法面の緑化植物として使われたものが逸出し、広まったものである。

80 ワレモコウ （吾亦紅、吾木香）

　厚木、愛川、清川の山地の日当たりのよい草原にはワレモコウが花の時期を迎えている。この赤黒っぽい花の色はこげ茶にも、暗い紫にも、暗い紅色にも見える。そこで、当の植物は「我も亦（また）、紅なり」と主張しているのではないかと言うことから「吾亦紅」となったとの謂われがあるが、講談社の日本語大辞典では「吾木香」、「我毛紅」の表記もあり、諸説があるようだ。

　穂状花序の植物はほとんどの場合、下から上に順に咲くのに対してワレモコウは上から下に咲く変り者である。また、花序の枝は長く伸びて花穂はまばらであるのに花穂には小花が窮屈に集まって咲くのも面白い。また、花びらがなくガクが代わりを務めるなど変わった点が多い。「吾亦紅さし出して花のつもりかな　一茶」なるほどと思う。バラ科の多年草。

81 ヤブカラシ（藪枯らし）

　ヤブカラシはつる性の植物で、フェンスや灌木などに巻きひげをからめながら伸び、藪のように覆ってしまうその生態から名付けられたものだ。

　葉の形は鳥足状複葉（とりあしじょうふくよう）と言い、5枚の小葉が鳥の足を開いた形をしている。花の付き方は二岐集散花序（にししゅうさんかじょ）と言い、中心軸から2方向へ茎が伸び、中心軸の先端は小花で終わるが、伸びた2方向の茎は更に分岐を繰り返し先端に小花を付けていく。

　小花は径5mm程で、4枚の花弁と雄しべは開花後早くに脱落してしまうが、花床から分泌される蜜を求めてハナムグリやセセリチョウ、ハチなどで終日賑わっている。ほとんどの株は実ができず、一方的に昆虫に蜜を提供しているように見える。別名をビンボウグサともいうが、謂われは諸説あるようだ。ブドウ科の多年草。

82 クズ（葛）

　くず湯、くずきり、くず餅、いずれもクズの根から精製したデンプン（くず粉）をもとにしたもので、風邪引きや胃腸不良の時の栄養補給としても食べられている。また、葛根湯（かっこうとう）と呼ばれる生薬はこの根を指す。クズの蔓（つる）で生活用品を編んだり、蔓と葉を家畜の飼料としたりと、クズは昔から身近で様々に利用されてきている。

　子供のころ、山仕事の手伝いで「くずふじ」と呼ばれるこの蔓を使ってマキやソダ（燃料用木の枝）を縛った。フジより柔軟性があり縄より丈夫で重宝なものだった。クズの旺盛な繁殖力によって低木林などを覆い尽くしている光景は珍しくはない。花は心地よい甘い香りを放ち、離れたところからでも気づくほどだ。散歩の折などに是非、体験してほしい。マメ科の蔓植物。

83 ゲンノショウコ（現の証拠）

果実は燭台のろうそくに似ている。発射台のロケットのようにも見える。果実が弾けるところを見たことがありますか。種子を飛ばすと瞬時にお神輿（みこし）のような形になる。弾けそうな果実を見つけ、無理やり弾けさせて遊んだことがある。

ゲンノショウコはどこにでも見られ、道端や草むらに茎が地面を這うようにして生育している。花弁が赤紫色のベニバナゲンノショウコもたまにある。

「現の証拠」が語源で、優れた健胃整腸剤として服用後速やかに効くことから名付けられたものである。ドクダミ、センブリ等とともに民間薬の代表的なものである。似た仲間に帰化種のアメリカフウロがある。フウロウソウ科の多年草。

84 キツリフネ（黄釣船）

キツリフネは、山地の谷あいや谷戸田近くの湿った半日陰地に生育する。葉腋から細長い花柄が伸び黄色い花が帆掛け舟を吊り下げたように咲くことから和名となった。

花が不安定な状態で横向きになることによって、花粉や蜜を求めるハナ

バチなどの昆虫は花の奥まで必死で潜らならず、キツリフネにとっては花粉と雌しべの接触の効率を上げることができ確実に受粉できる。神わざと思えるような進化の不思議さだ。

同じ仲間のツリフネソウは赤紫の花で距（しっぽのような部分）が渦を巻いているが、本種の距は渦を巻かずに単に下方に垂れ下がるだけである。違いを比べるのも不思議さの発見になる。成熟した紡錘状の実が指で触れると弾けて種を飛ばすのも面白い。ツリフネソウ科の一年草。園芸植物のホウセンカも同じ仲間である。

85 ツリガネニンジン（釣鐘人参）

　釣り鐘のような形の花が咲き、根が朝鮮人参に似ていることから名付けられた。山野のススキ草原や在来の植生が維持されてきている明るい斜面などに生育する。オミナエシやワレモコウなどと共に、秋の訪れを感じさせる植物である。
　反り返った糸状のがく片、ふくらみのある淡紫色の花びら、真ん中からこん棒状に突き出た雌しべ、そして下向きに咲く花が醸し出す品性で可愛い花は、出合う度に大切なものに巡り合えたようないい気分にさせてくれる。
　ツリガネニンジンは草原で生き抜くために、他の植物に取り囲まれた狭い空間でも周りに合わせて伸び、首一つ抜き出た背丈になっている。また、一度刈り払われても太い根に蓄えた養分ですぐに地上部を再生する力がある。山菜の「トトキ」は本種。キキョウ科の多年草。

86 ヤマボウシ（山法師）

　ヤマボウシの魅力はいくつかある。その一つに花の形がある。名前のいわれにもなっているが、花を取巻く白い大きな4枚の総苞（そうほう　がくや花びらの役目をする葉の変形したもの）が白い頭巾をかぶった山法師を連想させることだ。
　2つ目は、総苞の中心にある長い花柄の集合花から、写真のように2cm前後の亀甲模様のサッカーボールのような実ができることだ。初秋の頃に熟してオレンジ色になった実は果肉がやわらかく濃厚な甘さがあり、そのまま食べられる。晩秋には、明るい色合いの赤と黄色に染まる紅葉も見逃せない魅力の一つと言える。
　山地や丘陵地帯のやや湿った雑木林に生育する。公園の植栽や街路樹としても植えられている。ミズキ科の落葉亜高木（らくようあこうぼく）。

87 ベニバナボロギク
（紅花襤褸菊）

　ベニバナボロギクは1950年ごろに初めて確認されたアフリカ原産の帰化植物で、以後、主に森林伐採跡地に群落を形成して広がってきている。森林域に侵入する外来種は珍しく、森林が伐採され明るい土地が出現するとどこからかすぐにやって来る。種子散布能力と高い発芽力・定着力を持っているのであろう。

　従来の日本の森林は緑に覆われ、伐採に相当するような環境変化が生じにくかったためか、森林伐採直後に芽える1年草の在来種はほとんどなく、ベニバナボロギクのような能力を身に付けた植物は生まれなかった。本種は日本に侵入するなり、このすきを突いて広がったものと言えよう。茎は太いがやわらかくシュンギクに似た香りがある。花は紅色で、しおれたように下を向いて咲く。よく似た仲間に北米原産のダンドボロギクがある。キク科の一年草。

88 エノコログサ （狗尾草）

　エノコログサは「いぬころ草」の意味で、穂の形が子犬のしっぽに似ているからであると言われている。「ネコジャラシ」と呼ばれることもあり、この穂で猫をじゃらして遊んだことのある方がいられるのではないか。耕作地、空き地、道ばたなどに生え、夏から秋にかけて普通に見られる。

　エノコログサの仲間には穂がむらさき色をしているムラサキエノコロ、金色をしているキンノエノコロ、小型のヒメキンエノコロ、穂先が曲って垂れたアキノエノコログサなどがある。散歩の道すがら、名前のとおりの特徴を確かめてみるのも楽しいのでは。穂は円柱形で一面に花（実）がつき、多数の毛が突き出ているので、外見はブラシ状になる。日本にはアワの雑草として粟作とともに縄文時代中期に伝わったと推測されている。イネ科の一年草。

89 オオハンゴンソウ（大反魂草）

　栽培・保管・運搬・輸入・譲渡を行うことが禁止されている植物があるのはご存知でしょうか。外来生物法で特定外来生物に指定されたものだ。禁止する理由は何なのでしょうか。

　日光国立公園戦場ヶ原、十和田八幡平国立公園、富士箱根伊豆国立公園など日本の第一級の自然景観を有する国立公園内にも侵入し、旺盛な繁殖力で分布を広げている。オオハンゴンソウが一人勝ちして他の植物が生きられない状況も生まれてきている。貴重な在来植物が脅かされ絶滅の危機に瀕しているものもある。

　自然が長い年月をかけ作り上げてきたその土地ならではの生態系を守ろうと、全国各地で駆除作業が行われている。近年、厚木市周辺でも見かけるようになった。綺麗な花ゆえ、法律違反にならないように願いたい。北米原産、キク科の多年草。

90 アゼムシロ（畔蓆）

　名前のとおり、田んぼの畔に蓆 (むしろ＝稲わらで作った敷物) を敷いたように広がって生えている。別名「ミゾカクシ」は、溝 (小さな用水路) を隠すほどに繁茂することに由来する。生育場所と繁殖力の旺盛なことを表しているが、近年は畔のコンクリート化や除草剤の使用によってあまり見られなくなって来ている。高さは10cm ほどで茎は細く地を這って長く伸び、節から根を出して増える。葉腋 (ようえき) から長い花柄を鉛直にのばし、わずかに紅紫色を帯びた1cm前後の花をつける。合弁花だが花弁の先がほぼ同じ大きさに5つに分かれ、横向きに2個、下向きに3個と片寄ってつく。

　近年、このアゼムシロの仲間の園芸種がロベリアという名前で販売されている。キキョウ科の多年草。

91 カワラハハコ（河原母子）

　砂礫が広がっている河原は、夏は灼熱、冬は極寒になる厳しい場所である。普通の植物には耐えられず、ここに生育できる植物は限られている。その一つに真夏の河原に咲くカワラハハコがある。

　上流部に人口ダムができている相模川や中津川では、大雨時でもかつてのような増水に見舞われなくなり、砂礫の河原をリフレッシュさせる作用がほとんど無くなっている。その結果、普通の植物が定着するようになり、近年では、背の高い植物やつる植物などでジャングル化し、人の通り抜けもできない場所もある。

　現在、カワラハハコはわずかに残る砂礫地に何とか姿を見ることができるが、個体数は少なく県内では絶滅危惧種に挙げられている。キク科の多年草。

92 ミズタマソウ（水玉草）

　ミズタマソウの実は径4㎜ほどの球形で茎から垂れ下がるように付いていて、実には白い毛が密生している。この実を露の水玉に見立てて名付けたもので、見た目の印象からは正に的を得た名前であると出会う度に感心する。

　山地のやや湿った木かげに生え、茎は直立し、草丈は30〜50㎝で、節（ふし）は赤みを帯びている。実の鉤状の毛によって動物のからだに引っ付き動物の移動とともに種子が運ばれ生育地を広げていく。

　ミズタマソウ属は、花びらが2つ、がくも2つ、おしべも2つある2数性の花で、これも珍しいが、小さいため近づいてじっくり観察することをお勧めする。

　アカバナ科の多年草。同じ仲間にタニタデ、ウシタキソウなどがある。

93 ネナシカズラ （根無蔓）

　ネナシカズラは、文字のどおり根のない葛（つるのこと）である。また、葉もないので、「根も葉もない」植物である。ことわざにある「根も葉もないうわさ」ではなく本当のことだ。

　発芽したときには根を地中に伸ばし、茎は紐のように長く伸びて寄生する植物を探す。近くにある植物にからみつくと、宿主の茎に寄生根を食い込ませ、宿主から栄養分を吸収する。やがて自らの根は枯れ、根なし蔓となる。宿主となる植物にはヨモギやクズなどがある。

　日当たりのよい草むらに覆いかぶさるように絡まっている。茎は1.5mmほどの太さの紐状で乳白色から紫褐色を帯びる。葉は退化し鱗片状になっている。

　花期は夏から秋。茎の途中に短い花序を出し白い小さな花を多数つける。ヒルガオ科の一年草つる植物。同じ仲間に外来種のアメリカネナシカズラがある。

秋

94 シュウメイギク （秋明菊）

　厚木、愛川、清川の古い民家の庭や集落に近い林縁には紅紫色のシュウメイギクが咲き、秋の風情を漂わせている。

　つぼみも花もキクにそっくりで、和名にキクを名乗るのもうなずけるが、キンポウゲ科のアネモネの仲間でニリンソウなどの近縁種（ごんえんしゅ）である。紅紫色の花びらに見える部分は本物の花びらはない。多数のガクが花びらのように変化したものである。雄しべも花の中心に多数密生（みっせい）しているため、キク科の頭花（とうか）の様に見えることから、早合点して菊の一種と見間違がわれやすいのだ。じっくりと観察してみて欲しい。日本の秋を飾る日本的風情がある植物の一つだが、古い時代に中国から渡来したものが人家の周辺に逸出したものである。また、園芸用に様々な品種が作られている。

95 オギ (荻)

　オギは河川敷に多く自生しているがススキと見間違われることが多い。遠目にはススキより背が高く、穂は白く大きく目立つ。明瞭な違いは株立ちせず (ススキは株立ち) 地上茎は互いに離れて群生することと、種子にノギ (細長いとげ状の付属物) がなく、種子の周りにある毛が種子より長いことが、2種を見分けるポイントになる。
　厚木・愛川・清川の河川敷では水辺の水湿地にはヨシ (アシ)、水辺から離れた砂礫地の川原にはオギ、水辺から遠い堤防にはススキが生えていることが多い。水環境に対する適応の違いである。「♪俺は川原の枯れすすき…♪」と唄われているのはオギかも。小春日和の散歩のひと時、河川敷を遠目に眺めてみたり、穂を手にとって比べてみてはいかがでしょうか。イネ科の高茎多年草。

96 シラネセンキュウ (白根川弓)

　白根山で最初に発見され、薬草のセンキュウに似ているためこの名がついた。厚木、愛川、清川では山地の川筋や北斜面の林道脇などの湿った場所で見かける。
　花は全体を複散形花序 (ふくさんけいかじょ) と言い、一点から15から30本の小散形花序を放射状に出し、さらに繰り返えして花火のような形になる。幾何学的とも言える。周縁の花茎ほど長く伸びて花序の上部はやや平らになるのは、均等に昆虫の来訪を図るためであろうか。一つの小散形花序には40～50個の白色小花を密生する。
　また、茎葉が各節で内側に向いて半曲することや、葉が3～4回3出羽状複葉 (うじょうふくよう　3方へ小葉を広げる形の繰り返し) で、不規則に切れこんだ重鋸歯 (じゅうきょし　葉の縁のギザギザ) を持つなどが他のセリ科植物との区別点である。同じ仲間にシシウド、ノダケ、ヤマゼリ、アシタバなどがある。

97 ヤブラン （薮蘭）

　植物の種類を見るとき、「同じ仲間」と言えば「同じ科」に入るものを指す場合が多い。「近い仲間」と言えば科の内の「同じ属」を指し、さらに近縁な種類は「亜種」とか「変種」、もっと近い場合は「品種」と呼ぶことがある。分類は遺伝的系統を観点にしたものだ。

　ヤブランは花穂や葉の特徴がランの仲間のように見えることから名付けられたものであるが、個々の花のつくりに注目していくとラン科の特徴とは違うことに気づく。小さな花でも目を凝らして見ることをお勧めしたい。ユリ科ヤブラン属の多年草で、近い仲間にヒメヤブランがある。果実は黒色。形態のよく似たジャノヒゲ類は同じユリ科のジャノヒゲ属で、果実は青色。

　人家近くの林に入ると普通に自生している。ときには市街地の道端や庭隅に見かけることもある。

98 アキカラマツ （秋落葉松）

　アキカラマツの花には花弁がなく、花弁のように見えるのは萼（がく）で、これも開花後まもなく脱落してしまう。個々の花は地味だが長い雄しべをつけた多数の花を、カラマツの葉に見立てて名前となったものである。大きな円錐形の花序（花のつき方の形）が全体を目立たせる役目をしている。花の色は淡緑色からクリーム色である。

　野山で出合う度に筆者が目にとめるのは、羽状複葉の先端にある緑白色の艶（つや）やかな小葉で、楕円形に2つの切れ込みが入っているかたちが可愛くて、惚れ込んでいる植物なのだ。

　キンポウゲ科の多年草。日当たりのよい林縁の土手などに生育。近年環境の変化から減少傾向にある。

99 ネズミタケ（鼠茸）

　筆者は子どもの時、父に連れられて近くの林にネズミタケ狩りに行った。その場所は明るい雑木林で、くず掃き（落ち葉掃き）が行われ、まきや炭なども生産する雑木林だった。人の手が加わることによって林は若返えりを繰り返していたところだ。

　その後、林業が衰退するともに、明るい雑木林の面影は失われ、ネズミタケの発生も見られなくなった。以来、幻のように考えていたネズミタケが、近年の里山再生事業などが行われた場所では復活した環境に再び姿を見せるようになった。

　ネズミタケはホウキタケとも言い、プリッとした歯ごたえがあり、様々な食べ方のできる美味しいキノコである。よく似た毒キノコがあるので初心者は注意願いたい。

100 チカラシバ（力芝）

　日当たりのよい路傍や踏み固められた畑道などに群生する。固い土に根を張るだけではなく、茎も葉も強靭で力いっぱい引っ張っても簡単には引き抜けず、ち切れることもない。引っ張って力比べをしたことが和名の由来である。

　チカラシバの花穂は試験管ブラシのような円柱状で、長い穎（のげ・えい）の付いた小穂（しょうすい）が並んでいる。

　筆者は子どもの時、チカラシバの隣同士の株をたぐり寄せ、葉と葉を結んで、歩く人が足を引っかけるようにしたり、穎の付いた穂を友達のズボンのすそに気づかれないように入れ、歩くとズボンの中を上がっていって困らせる遊びなどを面白がってやった。危険で意地悪な遊びをしたものである。イネ科の多年草。

101 シロヨメナ（白嫁菜）

「野菊」と言うと、ノコンギク、カントウヨメナ、ユウガギク、シラヤマギク、カワラノギクなどがあるが、自然観察仲間から、似ていて見分けるのが難しいと耳にすることがある。出会ってすぐ見分けられるのは、かなり目の肥えた人だ。普通はこれらを総称してノギクと言っている場合が多い。逆に言えば、ノギクには多様性があって、生育環境の違いによって棲み分けているとも言えるのだ。

　日本の国土は地形が複雑で、気候風土も様々で、自然環境の異なる土地に適応するため進化や種の分化が繰り返されてきた。この結果が多様な種、多様な植物相、豊かな生態系からなる自然ができてきたと考えられている。

　西日本に多いヨメナを小型にしたような草姿で、花が白いので「シロヨメナ」となった。キク科の多年草。半日陰の林縁などに生育。

102 ノコンギク（野紺菊）

　里地・里山を代表する野菊のひとつで、やや自然度が高い道ばたや、畑の周辺、山道、渓流沿いなどで普通に見かける。

　野山に生えているから「野」、花の色が淡紺色だから「紺」、花の形が「菊」の形から、ノコンギクと呼ばれるようになった。

　厚木をはじめ関東地方にはノコンギクの他に、カントウヨメナ、ユウガギク、シロヨメナ、シラヤマギク、リュウノウギク、カワラノギクなどの野菊が分布するが、後の2種は花期が一カ月ほど遅く11月の声を聞くころに開花する。前4つは開花時期がほぼ同じなので混同されやすく、「ヨメナ」と呼ばれていることが多いようだ。ちなみにヨメナは中部地方以西、四国、九州に分布していて厚木には自生しない。キク科の多年草。

103 ノササゲ （野大角豆）

　ノササゲの花は黄色で2cm程の大きさである。葉は3小葉からなるが葉先と角は丸く、葉質は薄く鋸歯(きょし　葉の縁に縁にギザギザがない)がない等、特徴的な姿をしていることから出会えばすぐ本種と分かる。郊外の藪などに絡んでいるつる植物である。果実はエンドウやインゲンと同じ「豆果」であるが、さやは種子の入っている部分が数珠(じゅず)状に膨れていて、入っている種子の数が数えられる。熟すと鮮やかな紫色になる。種子は黒紫色を帯び、さやが裂開してもしばらくは縁に付いている。観察ポイントの多い植物である。

　ササゲと言えば赤飯に入っている赤紫色の豆であるが、名前は似るがササゲはさやが20cm位になり、色も異なりイメージはだいぶ違う。ノササゲは野に生育するササゲからの命名である。マメ科のつる性多年草。

104 チャ （茶）

　チャは中国原産で、茶の原料として古い時代に移入されたものである。厚木・愛川・清川では、敷地の境に植えている民家を見かけるが、かつて自家製の茶をつくっていた家である。また、集落近くの林内にも逸出して自生している株を見かけることもある。

　晩秋になると白玉のようで可愛い蕾(つぼみ)から、白と黄色を基調とした花を咲かせ、甘い香りを漂わせる。また、前年から1年をかけて成熟した果実が割れ、径1cm程の茶色い実（種子）を落とす時期でもあり、花と実を同時に見ることができる。

　70歳以上の人の中には小学校時代に茶の実を集め学校に持って行くと学校の仲介で業者に引き取られ、学用品などを買うお小遣いとして返ってきたことを覚えている方もいられるのでは。ツバキ科の常緑低木(じょうりょくていぼく)。製茶用にはヤブキタなど多くの品種がある。

105 オヤマボクチ（雄山火口）

　山の乾いた斜面に生えていて 1m を超える背丈になる。葉の裏が特徴的に白いのは綿毛がびっしりと生えているためだ。

　栽培種の牛蒡（ごぼう）とそっくりで、別名「ヤマゴボウ」というが、観光土産店などで「ヤマゴボウ」の品名で売られているのは近縁種の「モリアザミ」の根を漬物にしたものである。さらにややっこしいのは、ゴボウ類とは全く無縁な「マルミノヤマゴボウ」が山地に、外来種で有毒な「ヨウシュ（洋種）ヤマゴボウ」が身近に自生していることだ。

　オヤマボクチの綿毛をかき取って乾燥させたものを火打石で火を起こす時の火口（ほくち）として用いたことが名前の由来。長野県方面ではこの綿毛を茹でたり水にさらしたりして精製し、蕎麦のつなぎに用いて、ソバ粉の割合の多い信州蕎麦を作っているとのこと。キク科の多年草。

106 リンドウ（竜胆）

　リンドウは林野の草地や林道の法面などに自生している。花は日が射している時だけ開き、夜や曇りの日は閉じたままである。

　秋の山歩きでこの花に出会うとすがすがしい気分にしてくれる雰囲気がある。青空のような花の色のせいだろうか。

　フラワーショップに並んでいる茎が長く花が沢山付いている種（しゅ）は主にエゾリンドウで、厚木・愛川・清川に自生するリンドウは茎が直立せずに斜面から垂れ下がって生えている場合が多い。

　根の苦み成分を生薬名で竜胆（りゅうたん）と言うが、健胃薬として使われ始めたのは西洋医学が日本に入ってからで、生薬としての歴史は短いことを薬草学の講義で聞いた記憶がある。リンドウ科の多年草。同じ仲間にセンブリ、アケボノソウ、ツルリンドウなどがある。

107 ムクノキ （椋木）

　ムクノキは、ムクドリ（椋鳥）がこの実を好んで食べることから名付けられたと謂れている。が、筆者の自宅近くにあるムクノキでは、実をついばむムクドリは見たことがない。ムクドリは雑食性で何でも食べるが、よく見かける光景は草むらで地面を突いてミミズなどを探している姿だ。また、熟した柿を食べにくることもある。特にムクノキの実が好きというわけではないようだ。むしろ実が大きすぎて丸呑みは無理なのではないかと筆者は気になっている。

　ムクノキの実は直径１cm前後の核果（ウメのように真中に種のある果実）で、熟して黒紫色になると甘く美味しい。アサ科（旧ニレ科）の落葉高木。葉の裏面に細かい剛毛が生えていて爪やすりになる。

108 アカメガシワ （赤芽柏）

　アカメガシワの名は、春の芽吹きから初夏のころまでの若芽が鮮やかな赤い色をしていることから名付けられた。厚木市周辺では山地の高いところを除いてどこでも普通に見られる落葉広葉樹である。

　春の赤芽や葉を虫眼鏡で見ると赤色の星状毛（針のような毛が放射状なったもの）が密生（みっせい）している。これが赤色の正体である。赤色は夏のころまでには徐々に失われ、やがて緑色の葉となっていく。さぞかし秋の紅葉も赤色と思いきや、赤色は微塵もなく黄色なのだ。しかも他にあまり類を見ないほど色づきの美しい「黄葉（こうよう）」である。同じ株で春の赤芽と夏の緑と、秋の黄葉へと彩（いろど）りを変えるおもしろい性質の持ち主なのである。晩秋に色づく木々の中から黄葉のアカメガシワを探してみて欲しい。すぐに見つかるはずだ。トウダイグサ科の亜高木、雌雄異株（しゆういしゅ）。

109 リュウノウギク（竜脳菊）

　菊の切り花を花瓶にさすときの香りはご存知と思う。この匂いのもとは「竜脳」と言う成分で、昔は香料に使われてきたとのこと。樟脳 (しょうのう＝タンスの防虫剤) に似た匂いである。リュウノウギクはこの匂いを発する野菊として名前となった。

　低山の森林周辺の日当たりのよい崖地や道路の切通しなどによく出現し、開けた草原には見られない。茎が頼りなくひょろっとしているため、懸崖形 (けんがいけい) の生き方をしているようだ。

　野菊は山野に自生するキクの仲間を指して「野にある菊」としたものだが、本種は最も園芸種の菊に近く、花も葉も香りもよく似ている。秋が深まった時期に花をつける。キク科キク属の多年草。

110 碧色の実をつけるジャノヒゲ

　厚木、愛川、清川の半日陰の土手や明るい雑木林にジャノヒゲが群生している。葉をかき分けると根元に隠れていたコバルトブルーの球形の実が現れてくる。径は7mmほどで宝石を彷彿させる光沢がある。

　葉は細く幅は2～3mm長さ10～20cm。地下茎をのばし群落を形成する。7月頃に葉の陰に花穂を形成し、淡紫色の小さな下向きの花を咲かせる。実は冬になって碧色に熟す。目立たない隠れた場所につける実は、どんな動物によって食べられ、運ばれるのだろうか。

　根は所々で紡錘形に膨れる。これを麦門冬 (ばくもんどう) と称して生薬として鎮咳・強壮などに用いられているという。ユリ科、別名リュウノヒゲ。似た仲間にナガバジャノヒゲなどがある。

111 ヒガンバナ（彼岸花）

ヒガンバナは秋の彼岸の頃に花を咲かせることから名づけられた。日本の秋の風情を彩る花だが中国原産である。古い時代に日本に持ち込まれた史前帰化植物（有史以前の外来種）の1つであるとされている。

花は咲くが種子は稔らない。せっかく大きく派手な花を咲かせるのに不思議だが、染色体が3倍体であるためだ。地下にはチューリップに似た球根があり、球根を次々と増やして増殖する。繁殖力は旺盛で各地に群生地がある。

秋に突然に地面から花茎を伸ばし数日で開花に至るが、葉は見あたらない。花と葉が別々の時期に出るからだ。花の咲いていたあたりを冬に訪ねてみると、艶やかな緑色の葉が茂っているはずだ。

ヒガンバナ科の球根植物。マンジュシャゲ（曼珠沙華）とも言う。全草有毒。

112 エビヅル（海老蔓）

エビヅルは誰がみてもブドウの仲間であることは察しがつく。見つけると野生のブドウがあったと声を発する人もいる。それほど栽培種のブドウによく似ている。

筆者は子どものとき、近くの山に栗拾いやアケビ採りの他、このエビヅルの実を採りに行った。エビヅルはつる植物で、絡みついている樹木の幹に登って採ったこともあった。熟度のいったものは結構甘酸っぱく、口の中を赤紫色にしながら食べた。渋みもあったが野生の実の味は今でも覚えている。大きく形のいい房を見つけた時のうれしさは格別で、仲間と自慢しあったことが記憶にある。実は大きいものでも直径が7mmほどの液果で、緑色からブドウ色に変わり、完熟すると黒紫色になる。ブドウ科のつる性植物。雌雄異株。林縁などで普通に見かける。

冬

113 ナンテン（南天）

初霜が降るころになると、段丘林や山裾の林内にはナンテンの実がひときわ冴えた赤紅の彩(いろど)りを見せる。

花は梅雨の時期に咲き、長雨の年には受粉がままならないのか円錐花序(果穂)にはまばらにしか結実しないこともある。厚木・愛川・清川では、縁起の良い木として、お祝い事のお返しに赤飯を重箱に詰め、その上にナンテンの葉を乗せて喜びを表し、受け取った家では赤飯を器に移すと、今度は空の重箱に一つまみの小豆などを半紙に包んだものを添えて返す風習があった。

葉に健胃、解熱等の薬効が、実には鎮咳作用があることから生薬として利用されてきている。中国原産で、古い時代に渡来したものが野生化したものと言われている。庭木としても植えられている。メギ科の常緑低木。

114 フユイチゴ（冬苺）

真冬になるとフユイチゴの赤い実が食べごろを迎える。秋に白い花が数個集まって咲いていたものだ。厚木・愛川・清川の民家近くの樹林内や山道の法面などのやや湿ったところで、地面を這うようにつるを伸ばしている植物である。花や実を包むガクには細毛が密生していて寒さから身を守るためのようだ。

実は直径が1cm位で甘酸っぱく、他の木イチゴ類と比べて旨い方である。野鳥にとっても餌の少ない冬場では最高のごちそうなのであろう、たいがいの場合人が気付く前に啄まれてしまっていて人の口にはなかなか入らない。

名前のいわれは冬に実を付ける苺ということである。同じ仲間には、モミジイチゴ、クマイチゴ、エビガライチゴ、ナワシロイチゴ、ニガイチゴ、ミヤマフユイチゴなどがある。バラ科のつる性低木。

115 センニンソウ (仙人草)

　キンポウゲ科の植物には、種子に長い白毛をつけるものが多い。センニンソウの銀白の毛は風船が風に乗るように、種子を初冬の風に乗せ、遠くへ飛ばしていく役目がある。この毛を仙人のあごひげに例えたところから名付けられと言われている。

　厚木、愛川、清川では林縁や道路脇の茂みなどいたるところに自生する。半木本性つる植物で、葉柄を長く伸ばし巻きひげのように他の植物の枝や葉に絡みついていく。

　花も純白で、初秋の頃にたくさんの花がまとまって咲き、遠くからでもセンニンソウとすぐ分かる。同じ仲間にはボタンヅル、カザグルマや園芸種のクレマチスもある。有毒植物で、葉や茎の汁液を肌につけると水疱ができたりかぶれたりするので注意が必要である。

116 ケンポナシ (玄圃梨)

　動物に甘い果物を提供している植物は多いが、ケンポナシは実ではなく実を付けている柄（果柄）がむっちりと肉を付け、野鳥などの餌になるように発達したもので、他に例のない植物である。

　甘くて梨のような味で人が食べても美味しく、近寄ると甘栗のような匂いもある。子どものころに山野遊びで食べたことのある人もいられるのでは。

　本物の実は不規則に屈曲したふくらみの先端に付いている。こちらは種子の生産だけに特化して堅い。動物に餌を提供することと引き換えに種子を遠くに運ばせているのである。

　名前のいわれは、「膨らんだ手のような形＝手棒（てぼう）」で「梨のような味がする」が語源で、なまってケンポナシとなったと言う説が有力のようだ。人家近くの林などに生えている。クロウメモドキ科の落葉高木。

117 ツルリンドウ (蔓竜胆)

　つる植物ではあるが、茎はあまり長く伸びず地表を這ったり、近くの植物などに巻きついて立ち上がる程度である。半日陰の道路の法面などのやや湿った場所に生育する。夏から秋にかけ小さな淡紫色の花を開かせ、やがて赤色の果実を稔らせる。他のリンドウの仲間は乾いた殻の中に小さなたねを付けるが、ツルリンドウはみずみずしい光沢のある赤色の液果(えきか)を花がらの中から突き出してくる。小さな宝石のようだ。また、初冬の時期には茎や葉も赤紫色になり、花の時期より断然目立ってくる。

　筆者は子どもの時、山仕事の手伝いで雑木林を通るたびに、落ち葉に埋もれるように春を待っているツルリンドウを目にして、新鮮な緑色の葉と葉の裏が赤みを帯びたチョコレート色をしていることに驚きをもったことを覚えている。リンドウ科の常緑多年草。

118 ノイバラ (野茨)

　野ばらと言えば、野山に自生するバラ科バラ属のバラのことである。ノイバラは田畑の周辺の他、市街地の小さな茂みにも生え、厚木、愛川、清川では最もポピュラーな野ばらである。また、テリハノイバラは河川敷や山地の陽光地などに、アズマイバラは丘陵地から山地に、モリイバラは山地の高所にと住み分けている。

　いずれも5〜6月に円錐花序(えんすいかじょ)に甘い香りのする白い花を付ける。初冬になっても葉の落ちた枝には赤熟した実が残り、この時期の風物詩となっている。

　数年前、実の付いた枝を刈り取って束ねている人を見かけたが、ドライフラワーにするのだろうか。実は冬場の野鳥の餌となり、糞を通して種子が散布されて行く。落葉低木。

119 コガマ （小蒲）

　以前、ガマについてご紹介したが、厚木市周辺ではコガマの方が多く自生している。

　因幡(いなば)の白兎(しろうさぎ)が「♪大黒様の言うとおり蒲の穂綿にくるまれば、ウサギは元の白兎♪」と、ウサギが大黒様に教えられたのはふわふわになったガマの穂綿である。

　コガマの穂は成熟してもしばらくの期間は緻密で固たく、フランクフルトソーセージのような形であるが、初冬なって空気が乾燥してくると風によってほぐれ、穂綿となって舞い、風に種子を運ばせる。風の強い日は大量の穂綿が煙のように舞い上がることもある。

　コガマは湿地の植物で休耕田や沼地に生育し、水中の泥の中に地下茎をのばし群生する。雌雄異花（しゆういか）で雄花のついている位置が、ヒメガマやガマとの区別点になる。ガマ科の多年草。

120 ヤツデ （八手）

　葉が掌を広げたようにも見えることから「八手」の名があるが、大きな葉がうちわを広げたような形になることから、別名をテングノハウチワとも言う。また、厚木、愛川、清川ではテングッパとも呼ばれている。

　葉の真中に大きな裂片が一つあり、両側に同じ数の切れ込みが入ることから裂片は奇数となり 8（八）ではない。7、9、11 が普通である。数えてみてはいかがでしょう。段丘林や人里に近い低山に自生しているが庭木としてもよく植えられている。

　11〜12 月になると散房花序（放射状の花）に沢山の白い小さな花を付ける。花の少ない初冬の小春日和の日にはハチやハエが吸蜜に訪れ、大賑わいとなる。実は冬から翌春にかけ黒紫色に実り、野鳥の餌となる。ウコギ科の常緑低木。

121 コモチシダ（子持羊歯）

葉は厚みのある革質で、表面にはつやがあり、裂片の先端はとがる、と説明してもあまり面白くはないが、「葉の表面に小さな子どもができる」と言えば興味が湧いてくる。

コモチシダは「子持ちシダ」で、葉の表面の小さな突起から無性芽（むせいが）ができるのだ。沢山の子どもを付けた葉を見ると微笑ましい気分になる。小さな子どもは親株から離れ地面に落ちると、根や葉を伸ばして繁殖を始める。

シダ類の本来の繁殖手段は葉の裏にできる胞子で、胞子が出芽して有性器（ゆうせいき）ができ、受精を行って増えるのが普通であるが、無性芽は親の身体の一部から分かれたもので、遺伝子は親と同じである。言わばクローンなのだ。

日当たりのよい崖や岩場に集団で生える大型のシダで、市街地を除いたあちこちで見られる。シシガシラ科の常緑多年草。

122 フユノハナワラビ
（冬の花蕨）

和名にフユとついているのは、秋に芽を出しそのまま冬を過ごした後、翌年の春に枯れる（冬緑性）ことによる。ワラビは花が咲かないシダ植物なのにハナがついているのは、胞子葉（ほうしよう　胞子のうを付けた葉）の形が花穂のように見えることと、栄養葉（えいようよう　光合成を行う葉）がワラビに似ていることから、フユノハナワラビと呼ばれるようになった。

近づいてみると、かずのこに似たつぶつぶの胞子のう（胞子の入っている袋）が観察される。多年性のシダ植物で、日当たりのよい草地や庭園の樹下などに群生する。

山草愛好家によって盆栽として珍重されている。また、茶花として観賞用にも用いられているそうだ。ハナヤスリ科。似た仲間にナツノハナワラビやオオハナワラビがあるが、山菜のワラビとは類縁関係は遠い。

123 マンリョウ（万両）

　小鳥の餌となる木の実は、色鮮やかで光沢があり柔らかく水分を含んだものが多い。好物を提供する側にとっては、小鳥たちに気づかせるため実を鮮やかに目立たせることが効果的なのだ。

　鳥は空を飛ぶために身が軽くなくてはならないことから、食餌された食べ物は短時間で消化管を通り糞として排出される。一方で、恒温動物として体温を維持するために多くのエネルギーを必要とするため絶えず栄養価の高い餌を食べ続けなければならない。

　餌の少ない冬場に、小鳥たちの需要を満たす餌としてマンリョウをはじめとした液果（えきか）がある。ヒヨドリが集団で飛来し、あっという間に食べ尽くすことがある。果肉の栄養分を提供する代わりに、消化しないままに消化管を通った種子を遠くに運ばせる戦略なのでる。ヤブコウジ科の常緑低木。集落周辺の林内などに普通に生育。

124 アオキ（青木）

　アオキは名前のとおり、葉も茎もあお色（緑色）である。日陰でもよく育つ低木で、厚木、愛川、清川では人家近くの林内で普通に見られる植物である。葉は大きく肉厚で光沢がある。実は2cm程の楕円形で冬の時期に真っ赤に熟す。葉も実も美しく耐寒性にも優れているので、庭木としてもよく植えられている。

　雌雄異株（しゆういしゆ）であり、雌花と雄花では形や色の違いが明瞭である。春の開花時には見逃さず観察されたらいかがか。

　筆者が子供のころ、近くの山に入ってアオキを刈り、枝を束ねて運び、牛を飼っている農家に持っていくと、緑の少ない冬場の牧草代わりの飼料として喜ばれ、お駄賃がもらえるということがあった。園芸種には葉に斑の入ったものや黄色い実のものがある。ミズキ科の常緑低木。

125 マルバノホロシ（丸葉保呂之）

マルバがあるなら「丸葉」でないものもあるに違いない。県内ではやや標高の高いところにヤマホロシがあって、こちらの葉は細長い。マルバノホロシは林縁の潅木などにからまって生えている植物で、8〜9月に直径1cmほどの淡紫色の花を咲かせるが、実のない時期は目立たないつる性の多年草である。

実は冬になっても落ちずに残り、ひとつの果序に光沢のある赤い球形の液果が10個ほど下垂する。雪の降った後の山里歩きで、真っ赤な実が白い雪の中に見え隠れすると、つややかな赤い輝きをもった宝石を見つけたような気分になる。出会った人だけが味わえる喜びである。

似た仲間にヒヨドリジョウゴがある。これも冬に赤い実を付ける。見分けのポイントは葉や茎に毛があるか否かである。ナス科、有毒。

126 イイギリ（飯桐）

イイギリは遠くからでも樹形の姿や色合いからそれだと見当がつくことがある。幹や枝が周囲の樹木より白っぽいこと。年ごとに伸長した枝が段階状になっていること。山地の斜面にあっては日当たりの良い谷側の枝が太く発達した樹形になっていることなど。

決定的な決め手は周囲が冬枯れした雑木林で、落葉した高い梢に真っ赤な実だけがたわわに垂れ下がって樹形全体が赤く色づいている姿だ。一房あたり100個を超える実を付けているものもあり、壮観さに魅せられることがある。

実がナンテンやモチノキなどと同じように赤色で光沢があるのは野鳥の目を引くためで、実の大きさがほぼ同じなのはヒヨドリなどの野鳥が呑み込みやすいサイズと言える。実を食べさせ、フンとして排出させ、種子を遠くに運ばせる植物の知恵なのである。イイギリ科の落葉高木、雌雄異株。

127 カラスウリ （烏瓜）

　筆者の家の周辺には、厳冬期の今も、寒風にさらされながらもだいだい色に輝くカラスウリがぶら下がっている。近づいてみるとさすがにこの時期には、表面は破れ、穴の開いた中身は干からびているものもあるが、変化の乏しい冬の景色の中では一服のぬくもりを感じさせてくれる。

　中に入っている種子は「カマキリの頭」のような形、あるいは大きな耳を持った「大黒様」の顔に形容されることがあるが、筆者は子どものころから「打ち出の小槌」に見立ててきた。人によって見え方が違うのは面白い。実を割って観察してみてはいかがか。

　名前の由来は、カラスが好んで食べるから烏瓜だとするが、カラスが啄ばんでいるところは見たことがない。ウリ科の多年草。同じ仲間にスズメウリ、キカラスウリがある。

128 カンアオイ （寒葵）

　厚木周辺に自生するカンアオイの正式な和名はカントウカンアオイ。この植物はいくつかの不思議な特徴を持つ。花は葉の陰で見えないように地面近くに咲く。開花は晩秋だが冬季を通して咲き続ける。花びらのような部分はがく片で、花びらはない。雌しべと雄しべは壺状の花の奥にあり見えない。

　こうしたことから花粉の媒介は昆虫や風によるとは考えにくい。また、成熟した種子を遠くへ運ぶ仕組みもなく、生育範囲も広がりにくい。この植物の著名な研究者である故前川文夫氏は生育範囲の広がる速度を「1万年で1km」と見積もっているほどである。

　名前のいわれは「寒中に咲く葵」から。徳川家の家紋、ギフチョウの食草としても知られている。ウマノスズクサ科の多年草。

129 カニクサ（蟹草）

　シダ類では珍しいつる性植物で、周囲の植物に巻き付きながら伸び、あまり枝分かれすることなく数メートルに達する。別名のツルシノブはこれに由来する。

　住宅地の石垣や雑木林の林縁などで見かけるが、温暖な南斜面などでは冬でも緑を保ち、周囲が冬枯れするとひときわ目立つようになる。細かい切れ込みと紙のように薄い葉が、日本的雰囲気を醸し出している。

　長く伸びた茎は茎ではなく、本当の茎は地下茎として地下にある。地上に見える姿全体は、一枚の葉であって、茎（つる）に見える部分は葉の主軸で、横に出る葉は羽片（うへん）と言って、葉が切れ込んだものなのだ。しかしながら、この葉の先端は冬枯れするまで無限に成長するようになっているので、茎と同じ機能を持っていると言える。フサシダ科の多年草。

130 ヤブタバコ（藪煙草）

　丘陵地や山地の道端などに生える。名前の謂われは、根元に付く葉が大きく、形や大きさがタバコの葉に似ているからとされている。

　ヤブタバコは根生する葉が成長すると、やがて株の真ん中の主軸が伸び始め、高さ50 cm位になると上への成長を止め、その先端からほぼ90°の角度で何本かの枝を放射状に伸ばし、傘の骨のように成長する。葉も小さくなり間隔も狭まっていく。成長過程を縦への段階から横への段階に切り替えているのだ。

　花は1 cmほどの黄色い頭花で横枝に沿って一列に並び、下向きに咲く。

　冬枯れしても種子が枝に残っていることが多いのは、通りかかった動物が身体に付け、種子を遠くに運んでくれるのを待っているからだ。同じ仲間にガンクビソウ、コヤブタバコなどがある。キク科の越年草。

131 メギ （目木）

　メギという名前は、この木の茎を煎じて目薬として用いたことに由来する。メギは明るい雑木林や山道などで見かける落葉低木で、背丈は1mにも達しない。

　特徴的なのは、株元から沢山の幹を出し、細かく枝分かれし、小さな葉を枝いっぱいに付けて茂る。体の各部を小さく密にしいることだ。枝に付けた棘だけは大きく長さ1cm程で鋭い。棘が邪魔してシカは餌にしにくく、ヨロイドオシ、小鳥もとまれそうにないことからコトリトマラズ等の別名があるそうだ。

　前年に長く伸びた枝に葉と花序が束生し、春に黄色い花を下向きにつける。秋には楕円形の実が赤く熟し目立ってくる。美味しそうに見えるが小鳥には敬遠されてか、真冬でも赤い実がついたままの株があり、冬山歩きで見かけることがある。紅葉も濃い赤色で人目を引く。メギ科。

132 ネムノキ （合歓木）

　植物どうしを比べていくと共通した特徴を持つものがある。その共通点から同じ仲間にまとめ、他のグループと区別していくことは、植物を見分ける上で重要な手掛かりとなる。また、その仲間がどのような進化をたどって来たかを知る上でも大切な目印となっている。

　写真は落葉した後の梢に残ったままのネムノキの果実である。どんな仲間の植物でしょうか。推理してみてください。

　様々な違いからその植物を他と区別したものは「種（しゅ）」を指し、種が集まったものが「属」、さらに属の集まったものを「科」と呼んでいる。ネムノキは「マメ科ネムノキ属ネムノキ」となる。種（たね）がエンドウやソラマメとよく似たサヤに収まっている様子から推理は当たりましたでしょうか。梢に残る乾いた豆果は冬の風物詩の一つ。厚木市内には普通に生えている。

133 ヒヨドリジョウゴ（鵯上戸）

　冬枯れの野山でヒヨドリジョウゴの赤い実を見かける。季節外れにみずみずしい光沢のある実は驚きだ。低山のハイキングコースや林道を歩くと、枯れ枝から垂れ下がっていてすぐ気づく。特に雪の後は真っ白な銀世界に真っ赤な実が映える。幸運な出会いに宝物を見つけたような気分になる。

　まん丸い液果（えきか＝肉質で液汁が多い実）は、大きさもヒヨドリが啄ばむのには格好のサイズである。さぞかしヒヨドリにと思いきや野鳥には敬遠されているようで、容易には食べない。餌の乏しい厳冬期でも見かけることがある。

　名前のゆわれは、酒飲み（上戸）の赤ら顔に見立てたという説がある。同じ仲間にマルバノホロシがある。ナス科のつる性多年草。有毒。

134 ノキシノブ（軒忍）

　樹木の幹、石垣、苔むした屋根などに着生するシダ植物で、地面に見かけることはない。幹や岩などから細長い葉が直接生えているように見えるが、茎や根はちゃんとある。引っ張ってみると茎や根を確かめることができる。

　葉は肉厚で皮質。長期間雨が降らず乾燥が進むと両側から裏側に向かって丸まり細くなって乾燥に耐えているが、一雨であざやかに復活する。和名の言われは民家の古ぼけた軒先に生育し、乾燥や寒さに耐え忍ぶという意味からだ。

　葉の裏には円形の橙褐色の胞子嚢（ほうしのう　胞子の入った袋状の集まり）が盛り上がるように２列に並んでいる。

　地味だが堅実に生きる姿には日本的風情がある。山草風盆栽に仕立てている愛好家もいる。ウラボシ科の常緑草本。同じ仲間にはヒメノキシノブがある。

135 ヤマノイモ （山の芋）

呼び名を整理すると、ヤマノイモは別名自然薯（じねんじょ）とも呼ばれている。「ヤマイモ」と呼ばれているものは山に生えている芋と言う意味で種名ではないが、ヤマノイモは山に生えているので、結局、同じものを指していることになる。よく似たものにナガイモがあるがこれは別な種類であるが、長い形をした芋なので、ヤマノイモと混同されることがある。また、ヤマトイモと呼ばれるものはヤマノイモの一品種であり、丸い形の芋である。

ヤマノイモは雌雄異株（しゆういしゅ）で雌株に生る実は写真のような3つの陵（りょう）があり、それぞれの中には円形の翼が付いた種子があり、冬の乾燥期に風によって飛ばされていく。林縁や人家近くの植え込みなどに自生し、芋は地下深くにまっすぐに伸び、1mを超えることもある。ヤマノイモ科のつる性多年草。

136 キヅタ （木蔦）

花期は晩秋から初冬、花粉を媒介する昆虫の少ないこの時期に、色も地味な黄緑色の小さな花を咲かせるのはどうしてか。また実は冬の間に成長し、成熟しても紫褐色から灰黒色の目立たない色のままである。つるが取り付く寄主はケヤキなどの落葉樹が多い。キヅタはツタと違い常緑で冬を過ごしている。

こうした特徴は冬を逆手に取った生活スタイルにも見える。陽だまりで咲く花にはハエが群れていて受粉は冬でも十分である。ハエは匂いで呼び寄せられるので派手な色合いは必要ないのであろう。また、落葉樹林の中は冬の方が十分な陽が当たり、光合成の効率が良い。などが考えられる。

ツタの名を持つがブドウ科のツタとは類縁関係は遠いウコギ科である。品種改良された園芸種があり、公園や道路の壁面の緑化などに利用されている。

137 キチジョウソウ（吉祥草）

花が咲くことが少なく、たまに花が咲くときには良いこと（吉事）があると言われることから付けられた名前。集落地近くの藪や竹林の林床、古い民家の庭などの日陰に自生している。名前にあやかって住宅の庭にも植えられていることもある。

花は秋から初冬にかけ落ち葉や長い葉に隠れるように咲く。花を見逃しなのは株をかき分けなければ目に付かないことが多いからだ。このために上述の俗説が生まれたようだが、実際には成熟した株ではほぼ毎年花を咲かせている。花の乏しい時期に可憐な淡紅紫色の花に出会えただけで幸せな気分になる。

実もまた然りで、真紅のルビーのような輝きを持っている。草陰にちらっとでも見えたら株をかき分けたくなるほどの魅力がある。常緑多年草。ユリ科。

138 アオギリ（青桐）

名前の由来は樹皮が緑色をしていて、葉や材がキリ（桐）に似ていることから。公園木や街路樹として植栽されているが、逸出して自生しているものも結構見かける。果実は若いうちは閉じているがやがて裂開して裂片は舟形になる。多くの植物では種子は果実の中にあって保護されているが、アオギリの種子は熟す前から裂開したさやの縁に丸出しとなる不思議な形だ。左右に2つずつ付いている。

原産地は亜熱帯で、古い時代に中国から渡来したものと言われている。平安時代には種子を炒って菓子として食べていたとのこと。また、近年ではコーヒーの代用にされたこともあるそうだ。広島市の被爆アオギリは有名で、アオギリ2世が市の平和運動の一環として世界中に配布され植えられている。アオギリ科の落葉高木。

139 シモバシラ

　冬晴れの冷え込んだ日には、愛川や清川周辺の雑木林や林道脇などで、シモバシラに"しもばしら"のような氷晶が発生し、白い清楚な造形美を見ることができる。地上部は冬枯れしていても根から水を吸い上げているため、茎の中の水が凍結して茎の一部が裂け、裂け目から氷晶が縞模様になって帯状に発達する。冬の風物詩の一つだ。シモバシラは群生することが多く、株ごとに様々な形の結晶が見られ、一つ一つ見ていくと見飽きることがなく、わざわざ足を運んでも一見の価値はあること請け合いである。
　和名は冬枯れの茎の根元にできる氷晶が霜柱のようであることから名付けられたものだが、9月頃に上部の葉の付け根から出た花序に咲く唇形花も純白で霜柱のようだ。シソ科の多年草。

140 オニグルミの冬芽 （鬼胡桃）

　冬の自然観察として冬芽をテーマとして見て歩くのも面白い。硬い鱗芽（りんが）をヘルメットのようにかぶっているものや、綿毛の頭巾をかぶっているもの、裸で寒そうに先端を丸めているものなど、樹木によって様々で個性的だ。寒い冬を耐え、やって来る春の芽生えや開花に備えた冬越しの姿なのだ。よく見ると葉になる葉芽（ようが）と、花になる花芽、両方を備えた混芽（こんが）がある。慣れてくると結構見分けられ、春への期待も高まり、観察の楽しさが湧いてくる。
　写真には、動物の顔が隠し絵のように見える部分がある。前年の葉が茎から離れ落ちた痕で、葉痕（ようこん）と呼ばれる。さて、どんな動物が何匹いるでしょうか。冬芽と共に葉痕の観察もこの季節ならではのテーマだ。
　オニグルミは厚木ではどこにでも生えている。クルミ科の落葉高木。

141 コセンダングサ（小栴檀草）

　冬の時期、枯れ草の中を歩くと必ずと言っていいほど衣服にくっ付いてきてチクチクと肌を刺す実がある。よく見ると細長い実の先端に2、3本の先のとがった棘があり、さらによく見るとその棘に小さな逆刺状（ぎゃくしじょう）の剛毛（ごうもう）が付いていて、繊維に刺さると簡単には抜けない構造になっている。厄介なのは冬の間中、人や動物が触れるまで棘を立てて待っていることだ。絶対くっ付いてやるぞという態勢だ。

　コセンダングサは昔からあった植物ではなく厚木市周辺では昭和50年代ごろに急激に広まった外来植物である。空き地や耕作放棄地を瞬く間に占有してしまうほど強い繁殖力を持っている。そのため環境省から生態系被害防止外来種に指定されている。北アメリカ原産のキク科の一年草で、人の背丈ほどになる。似た仲間にコシロノセンダングサ、アメリカゼンダングサ等がある。

142 フユザンショウの棘（冬山椒）

　棘（とげ）を持った植物は多い。身近なものではノイバラ、ジャケツイバラ、タラノキ、ユズ、モミジイチゴ、カラスザンショウなどが挙げられる。棘はその植物が動物から身を守るために身に着けたもので、人にとっても近寄りがたい怖い存在である。

　中でも、フユザンショウの棘は見るからに頑丈なつくりをしている。幹が太く成長するのに伴って棘も大きく、硬くなっていく。たくさんの棘をまとわず、数は少ないが個々の棘が強靭な槍のようになったのだ。

　フユザンショウは半日陰の雑木林などに自生しているが個体数は少なく、出合えたら幸運である。ミカン科の低木で半落葉植物。似た仲間にサンショウやイヌザンショウがある。

143 トキリマメ （吐切豆）

晩秋から初冬にかけて鮮やかな赤色の 2 つの膨らみのある豆果に出会ったら、それはトキリマメだ。2 ㎝ほどの大きさで、太くて短い均整がとれた形状は他の豆果にはない可愛いらしさがある。

乾燥した季節になると豆果のサヤが割れて光沢のある黒色の小さな種子が 2 粒姿を見せる。種子は冬になってもサヤにくっついたまま残っていることが多い。サヤの赤と種子の黒のコントラストが人の目を引く。初冬の風物詩の一つだ。

葉は三出複葉（さんしゅつふくよう）でヤブマメやヤブツルアズキなどに似る。日当たりのよい灌木（かんぼく）などが茂る道路脇や林縁などに生育するつる性多年草。別名オオバタンキリマメ（大葉痰切豆）とも言う。よく似た仲間にタンキリマメがある。マメ科。

144 フジの実 （藤）

冬型の天気が本格化すると、空気が乾燥し、それに伴って様々な現象が見られる。

葉が落ちた後に長さ 20cm ほどの莢（さや）状の豆果だけが取り残されているフジを見かけることがある。莢は木質化していて非常に硬くなっている。人の手で開けるのは無理である。

この莢が開くのは、乾燥した季節なって乾燥度が極限に達した時に自ら破裂して開くのである。大きな破裂音とともに、莢の中にあった数個の碁石のようなたねが勢いよく飛ばされる。飛んだ先でも衝突音が出るほどの勢いで、10m 程は飛ぶ。筆者は数年前、この破裂の瞬間に出合うことができ、「パン」と言う大きな音に驚いたことがある。莢が瞬間的にねじれる力によって破裂するのである。

花は 5 月。マメ科のつる性落葉木本。

145 切り株と年輪

　樹木には、中心側の木質部と外側の樹皮との境目に形成層と呼ばれる組織がある。ここで新しい細胞を作って幹を太らせている。春から夏は細胞分裂が盛んで木質部は成長肥大する。夏から秋には細胞分裂はゆっくりで、冬にはほとんど停止する。このため、木質部に硬さや色の違いができる。これが年輪である。

　成長期の気候や、火山活動、台風などの影響を受けると肥大成長が阻害される。年輪には過去のこうした天変地異が記録されている。多くの樹木に共通する年輪のパターンをつなぎながら過去にさかのぼると木材の年代測定が可能になる。考古学では年輪年代法と言い、この方法で、奈良元興寺の国宝・禅室の部材が西暦582年に伐採された木材であると断定された例などがある。切り株から樹齢や成育歴を推測するのも面白い。

146 マメヅタ（豆蔦）

　普通に植物と言えば、根、茎、葉とともに花が咲く「種子植物」の姿が思い浮かぶ。では、「シダ植物」というとどんなイメージをお持ちでしょうか。シダ植物は根、区、葉までは種子植物と共通しているが花が咲かない植物群をまとめたものである。種子植物との違いは「胞子」で増えることである。ちなみにキノコなどの菌類も胞子で増えるが根、茎、葉が揃っていないので別のものである。

　シダ植物は様々な特徴を持つ幅の広い植物群で、イメージに合わないものもある。マメヅタは豆のように丸い葉を持ち、空中湿度の高い岩や樹木に着生している常緑のシダ植物で、これでもシダなの？と思われそうである。丸い葉は栄養葉でへら型の葉は胞子葉。ウラボシ科。

第4章
愛川・清川の自然

ノコンギク
花期は秋～晩秋。舌状花は淡い紺色。他の野菊類に比べ身近な草地に普通に見かける。(キク科)

　筆者は 2009 年 4 月に「サークル愛川自然観察会」を立ち上げた。自然の中を歩く楽しさを自分一人のものではなく、興味、関心のある多くの人と分かち合えたらもっと楽しい筈だとの思いからだ。また、同時期に愛川町に郷土資料館が建設されることとなり、郷土資料館の資料の収集、活用、普及などに貢献できることも視野に入れた自然観察会や標本収集を行ってきた。
　「愛川・清川の自然」は、自然との出会いの中で目に止まった事柄を自らの体験と重ね合わせて雑記風に綴ったものである。2014 年 1 月からタウンニュース社発行の愛川・清川版に投稿し、地域の人たちに自然観察の楽しさや自然情報を届けることに努めている。

1 アカネズミの棲家（赤鼠）

夜行性の動物は昼間に見かけることはめったにない。アカネズミは小型で、地中に巣穴をつくっているため人の目には触れにくく、筆者も行動中のアカネズミには出会ったことがない。が、その場所に現れ何がしかの行動をしたことが生活痕（フィールドサイン）から分かることがある。生活痕とは、足跡、食べ残した餌、落ちている体毛、フン、巣の形態などである。それがどういう状況にあるかによって、どんな動物がどんな行動していたかを推定することできる。

アカネズミと分かる証拠の一つに、クルミの食痕がある。発達した歯を使って殻に2つの穴を開け果肉を食べるが、開ける穴の位置が決まっていて、穴は最小限の労力で効率よく中身が取り出せる部位である。

アカネズミは自然度の高い森林内などに生息していて、植物の種子などを主食としているようで、秋に落ちていたドングリがいつの間にかなくなっているのは、アカネズミなどが巣穴に溜め込むために持ち去っている可能性が高い。

撮影した場所には、倒木の下に出入した形跡の穴があって傍らに食べ捨てられた数個のクルミがあった。

2 冬に開花、夏眠するオニシバリ（鬼縛）

愛川、清川の冬の雑木林を歩くと季節には不釣り合いとも思える、みずみずしい淡緑色の葉を放射状にひろげたオニシバリが目に留まる。背丈は低く1mを超えるものはめったにないが、落ち葉の広がる陽だまりに静かにたたずんでいる姿は冬の風物詩の一つと言える。

2月に入ると黄緑色の小さな花を開き、実は5、6月ごろに赤熟し、7月には葉が落ちて夏眠に入る。再び新梢の伸びるのは10月ごろとなる。多くの植物が春から夏に成長するのに対してオニシバリの生育期は秋から

冬にかけてである。雑木林は冬の時期だけ陽が射し込むが、この貴重な陽射しを利用しているのである。陽の射しこまない夏場は活動を中止し休眠することから、別名をナツボウズ（夏坊主）と言う。

樹皮の繊維が強く簡単には枝を折ることができない。これで鬼を縛っても逃げられないほど丈夫であるとの例えからオニシバリの名になった。

ジンチョウゲ科の落葉低木。雌雄異株。

3 縁起物のオモト（万年青）

オモトは人家に近い林のやや乾いた斜面などに自生する。革質で厚みのある葉が株立ちし、夏に葉の間から伸びた花茎に淡い黄緑の花を咲かせる。秋になると丸く直径 1cm ほどの実になり、やがて赤く熟す。正月を過ぎても動物に食べられることなく艶のある赤い実を見ることができる。

観賞用としても古くから栽培され、江戸中期には大流行し、斑が入ったものや反り返りのあるものなど多くの品種がつくり出された記録が残っている。現在も愛好家は多く、様々な種類のオモトが栽培されている。

オモトは暑さ寒さに強く四季を通して葉が緑を保ち、何年も青々としていることから「万年青」と表記する。徳川家康公が将軍として江戸城に入城した際に真っ先にオモトを床の間に運び入れ家運の繁栄を祈念した故事にならい、また、徳川幕府が 300 年も栄えたことにあやかってか、引越しの贈り物や家運繁栄の縁起物としても扱われている。オモトの鉢植えが玄関に飾られている家を見かけることがある。ユリ科（最新の分類体系ではスズラン科）の常緑多年草。有毒。

4 貝化石カネハラニシキ

フィリピン海プレートの移動速度はおよそ 5cm/年と言われている。この速さは人の感覚からするとあまりにもゆっくりだが、500 万年間には 250 kmの距離を移動する計算になる。移動するプレートが本州に近づくと地下深く沈み込んでいくが、このくぼみをトラフ（大規模なものは海溝）と言う。プレートに乗った丹沢山塊が本州に衝突する前（と言っても 1000 万年以上昔）には両者の間には海峡

のような海があったと考えられている。カネハラニシキはこの時の海に生息していた貝と言われている。

　丹沢山塊が基になった地層に産出する唯一の貝化石で、しかも寒流系の貝。親潮（寒流）は現在とは違った流れであったことを裏付けるもので、学術的にも特筆されている。ちなみにこの時期の黒潮（暖流）は衝突する前の丹沢山塊の南側を流れていたと推定されている。

　丹沢山塊は600万年程前に本州に接近し、沈み込まずに衝突したと考えられている。大きな圧力を受けた地層は高くせり上がり、仏果山を含む山地となった。その時の断層が「藤野木－愛川構造線」である。カネハラニシキを産する地層はこの構造線に接する南側の地層で、愛川層群中津峡層と呼ばれている。法論堂林道や道の入沢等で見られる。

5 ジョウビタキとの近所つきあい（常鶲）

　ジョウビタキは冬の間だけやってくるスズメ大の鳥で、オスは茶と黒と紅赤を基調とし、翼に白紋が目立つ派手な鳥である。1羽づつが縄張りを持っていて、縄張り内を行き来しながら、低い木の枝やフェンスなどにとまっていることが多い。人に近づきやすい鳥で、畑仕事をしていると必ずといってよいほど、様子を伺いに近くに現れ、ヒィヒィ、カッカッと小声で鳴きながら仕事に付き合ってくれる。耕運機の音にも怖がらず、時には2mほどまで近づくこともある。新しく掘り返された土の中の虫が目あてなのだ。今年は筆者の自宅周辺には雄が縄張りを張っていて、習性のペコッとお辞儀の動作をくり返してしている。

　積雪があると餌を探して軒先や物置小屋の中まで寄ってくるので、子どものころ、雪を除いて黒土の地面を作り、ナンテンの実やコメ粒をまき、斜めにかぶせた籠を棒で支え、長

い紐をつないで家の中からジョウビタキがやって来るのを待った。ジョウビタキを捕まえる専用の仕掛けなのだが、飛び去るのが速く、思うようにはいかなかったことを覚えている。

6 生きもの探し （保護色）

冬枯れした土手の草むらで撮った写真。どんな生きものが写っているか目を凝らしていただきたい。枯草に紛れて いるのはツチイナゴというバッタである。ほとんどのバッタ類は秋までに一生を終えて卵で冬越しをするのに対して、ツチイナゴは秋に成虫になり厳冬期を成虫で過ごし、翌春になって産卵をする。他のバッタ類とライフスタイルが半年逆転している珍しいバッタである。冬眠せずに日当たりが良い暖かい場所で寒さをやり過ごしているのだ。

成虫期間の大半が枯れ草ばかりの環境であるため、茶褐色の体色は枯れ草を保護色として外敵から身を守るのに都合がよい。周囲に紛れていて見つけにくいのはそのためだ。

河原や山麓でクズやススキ、ワラビなどが枯れ伏している陽だまりを歩くと出会うことができる。体長は5〜6cmで雌のほうがやや大きい。目の下に涙を流したような形の模様があるのも特徴の一つだ。田んぼにいるイナゴの緑色の体色に対して本種は土に似た色をしているところからツチイナゴとなった。

7 ビナンカズラできめる （美男葛）

昔、侍がビナンカズラから粘液状の樹液を水で抽出したものを頭髪料として用いて、まげを結った髪型をきめ、美男子を装ったことからその名が付けられたとのこと。別名をサネカズラ（実葛）と言う。

野山に広く生える常緑の木本性つる植物だが、市街地でも人家の生垣に植えられているのを見ることもある。葉は厚手で表面に光沢がある。花期は夏で、葉の陰に隠れて目立たないが、直径1.5cmくらいの淡黄白色の花をつける。

雌雄異株（しゆういしゆ）で、雌株では花後、肥厚した中心部を取り囲んで粒状

の実が集まった集合果となり長い柄の先に垂れ下がる。やがて熟すと光沢のある赤色となる。冬になってもすぐには落ちず、周囲が冬枯れした景色の中で一段と人の目を引くようになる。

　筆者は以前、庭先に生えていた雌株を盆栽風の鉢植えにして、彩の少ない冬場に、玄関先に置いて、垂れた下がった深みのある赤い実の風情を楽しんだことがある。実の落ちた後には赤色のふくらんだ花床が残る。また、落葉はしないが葉が紅葉することがある。マツブサ科。

8 くす玉のようなヤドリギ（寄生木、宿り木）

　筆者は1種類1点を目標に植物を採集し、押し葉標本を作っている。始めて40年以上になるが、ヤドリギが長い間採集できないでいたが、数年前に強風のため落ちた葉を3枚拾いようやく標本にすることができた。自生している場所は何ヶ所か知っていたが、何れも大きな木の高所にあって手が届かないのだ。

　ヤドリギはケヤキ、エノキ、サクラなどの巨木に取り付いていて、これらの樹木の生きた組織に寄生根を侵入させ水や養分をもらって繁殖している。冬、落葉して見通しが利くようになった樹木の高い枝に緑色のくす玉のような植物が見られるのが本種だ。

　冬場になると、野鳥のキレンジャク、ヒレンジャクなどが実を食べに来ることは知られているが、種子は粘液質に包まれているため、野鳥の糞として排出される種子は粘液の糸を引いていて、宿主に貼り付きそこで発芽して寄生が始まるようだ。

「寄生木」は、寄生する植物の種類や形を問わず全て広義の「ヤドリギ」となるが、種名の「ヤドリギ」は本種（学名 Viscum album subsp. coloratum）のことを指す。観察は冬場が適期なので、神社や段丘崖のケヤキに注目して見上げてみて欲しい。

9 幻日 （大気光象）

　写真の雲は絹雲と呼ばれる大気圏の最上部に出現する雲で、晴れた日に薄いすじ状雲として見られる。この雲は氷晶（小さな氷の結晶）からできていて、太陽の光がこの氷晶中を通過する時に、色による屈折率の違いから分光現象（プリズム効果）が起こる。分光した光が地表で見ている人に届くと、写真のような輝いた七色の雲がスポット的に見えるのである。

　大気中に起こる光学現象を「大気光象（たいきこうしょう）」と言い、虹や日傘、夕焼けなどもその一つである。ちなみに、大気そのものに起こる諸現象を「気象」、地震や火山など地面に起こる現象を「地象」、潮の流れや潮位などの変化を「水象」と言う。

　写真は「幻日」と呼ばれる大気光象で、太陽と同じ高さで太陽から水平に22°離れた位置にある薄い雲に出現する。太陽と雲と観る人の位置関係がそろわないと見えない稀な現象である。太陽が複数あるように見えることから幻日と言い、太陽を挟んで反対側にも同時に出現することがある。雨上がりに見られる虹にも似ているが、虹とは方角も形も違う別物である。

　太陽が低い位置にあるときに出現することから、冬場の朝夕はチャンスである。日々心掛け、空を見上げてみてはいかがでしょうか。

10 イガラのカプセル （刺蛾）

　カプセル状の小さい殻の正体は何か、繭であれば糸でつぐむのが普通だが、超硬質で滑らかな表面をしている。絶妙な形とおしゃれな模様は誰がデザインして何を材料にどんな方法で仕上げたのだろうか。子どもの時から興味を持っていたが、殻を作る様子は一度も観察する機会がなかった。カプセルの持ち主はイガラという蛾の仲間で、昆虫生態図鑑よると、繭の初期段階は糸で形を作るが、これに口から粘液を吐き、繭の内側から糸の網目を埋め固め、肛門から出す白色の液も塗って模様を付けた繭に仕上げるのだそうだ。

　幼虫はサクラやカキなどの葉を食べている。幼虫の体表にある緑色の肉質突起には多数の有毒刺があり、筆者も触れたことがあるが、蜂に刺されたような

電撃的な痛みを感じた。場合によっては皮膚に炎症を起こすそうだ。イラガは身近に生息する昆虫で、幼虫（夏場）はチャドクガと並ぶ要注意（繭は無毒）な昆虫の一つである。

卵から成長につれて幼虫、硬い殻の繭（蛹）、蛾へと変態していくが、繭の形からは幼虫や蛾の姿は想像できないことが昆虫の生態のおもしろ

いところだ。繭は冬場の庭木や生垣、果樹園などで見つけられる。探してみてはいかがか。

11 イチョウの気根（乳根）

イチョウの巨木では枝の根もとから垂れ下がるように伸びた突起物を見かけることがある。これは乳根（ちちね）と呼ぶそうである。

イチョウは雌雄異株の樹木で、女木（雌）と男木（雄）があり、果実（銀杏＝ぎんなん）を生らすのは雌木に限られる。乳ということから雌木だけのものであればわかりやすいが、乳根は巨木であれば雄木でも雌木でも見られる。雌雄の見分け方として、葉の先が割れているのが雌で割れていないのが雄とか、大枝が上に伸びたのが雄木で枝を横に伸ばしたのが雌木、と言った諸説があるが何れも決定的ではない。

イチョウは病害虫に強く樹齢も長いため古木・巨木も多い。倒壊して話題となった鎌倉の鶴岡八幡宮の大銀杏（いちょう）は有名。筆者はその後に見に行く機会があったが、倒れた後に埋め戻した幹からひこばえを伸ばしていた。鎌倉時代から生きているたくましいイチョウなのだ。また、愛川町の内陸工業団地のイチョウ並木は、黄葉時期には見物に訪れる人がいるほど壮観である。

イチョウは葉脈が並行脈で分類上は針葉樹に近い。胚珠が子房に包まれない裸子植物で約2億年前から中

生代に栄えた植物群の一つで、化石植物とも言われている。現代では１科１属１種で仲間はいない。イチョウ科の落葉高木。

12 ハシブトガラスとハシボソガラス （鳥）

　身近でよく見かけるカラスには「カアー カアー」と鳴くものと「ガアー ガアー」と鳴く２種類がいるのはご存知でしょうか。写真の左がハシブトガラスで鳴き方は前者。額が高く名前のとおり嘴が太い。右の２羽がハシボソガラスで鳴き方は後者。額が低くクチバシは細い。カラスは渡り鳥ではないため１年中見かける。出会ったカラスを見分けるのに色や大きさではなく、真っ黒なシルエットから見分けられるのがおもしろい。

　カラスと言えばごみを散乱させるとか農作物を荒らすなど評判は良くない。線路に石を置くとかゴルフボールを持ち去るなどのいたずらも話題になる。被害に対して様々な対策が考えられているが知能の高いカラスのこと、被害予防の決定打はなかなか見つからないようだ。

　「♪カラスは山に可愛い七つの子が…♪」と唄われているが、巣は人里に作ることが多い。芽吹き前の高いケヤキの枝に枯れ枝を集めて作った大きな巣が見つかる。春の子育ての頃には葉が茂り、天敵や人の目からは見つけられにくくなる。２月ごろから探し始めると何個かは見つけられる。

　筆者は、夕方、家の裏方の山に向かって、三々五々、時には大集団で帰って行くカラスの群れを、茜色の夕焼けと重なった情景として子どもの時の記憶にある。

13 キジとご近所つきあい （雉）

　数年前から自宅周辺にはキジが棲みついている。巣は地面に簡単なくぼみをつくる程度である。天敵に見つけられ易く、また、放浪ネコやハクビシン、アオダイショウなどが出没しているにもかかわらず、毎年子育てにも成功していて数も増えている。冬の間もオス３羽ほどが頻繁に庭先まで採餌に来ている。

　キジは日本の国鳥に指定されている。「メスは母性愛が強く、ヒナを連れて

歩く様子が家族の和を象徴している」「狩猟対象として最適であり、肉が美味」などが選定の理由とのこと。旧1万円札の裏面に描かれていたり、桃太郎の話にも出てくるなど、日本人には馴染みの鳥であるが市街地にはやってこないため出会ったことがない方も多いのではと思う。

　オスとメスの違いは明瞭で、派手なオスと地味な雌とでは同じ鳥かと疑うほどである。鳴声を「ケーン」と擬音化することが多いが、印象はかなり違う感じがする。ギとガとゲを合わせたような音をかん高くのばす独特の鳴声は真似ができない。危機が迫ると羽をバタつかせ低空を200mほどは飛ぶが、大きな体で飛行する様は迫力がある。似た鳥にヤマドリがいる。

14 照葉樹シロダモ

　陽の光を受けると照り輝く葉を持つ樹木は「照葉樹」、こうした樹木からなる林は「照葉樹林」と呼ばれている。ヤブツバキ、クスノキ、アラカシ、サカキ、タブノキ、スダジイなどがある。愛川・清川は山地を除けばこれらの生育に適した気候帯（温暖湿潤気候）にあるため、身近に普通に見かけるお馴染みの樹木である。

　照葉樹に共通する点は他にもある。葉が厚く硬いこと。表面にクチクラ層と言う蝋状の表皮があり、滑らかで艶があること。葉の裏が白みを帯びていること。幹や枝は丈夫で重いことなど、常緑で冬を越すため、寒さや乾燥、風雪をしのいで葉の内部組織を守っていくために発達した仕組みなのである。なお、落葉は秋ではなく、葉の寿命も2年後の初夏に新葉と交代するまでと長い。

　写真はシロダモで、葉の裏面が白色（これも蝋物質）であることから名付けられた。春の新芽には黄金色に輝

く絹毛が密生する。成長した葉は3行脈が目立つ。雌株では晩秋から初冬の時期に、前年の枝に赤い実が熟れ、今年の枝には黄褐色の小さな花が咲き、花と実を同時に見ることができる。クスノキ科の常緑高木。

15 ニホンザル群団

　シカの食害による植生への影響や、街中へのイノシシの出没ニュース、ツキノワグマによる人的被害など、近年、野生動物と人との軋轢が問題となっている。中でも野生のニホンザルによる農作物や果樹への被害は深刻で、サルの生息地では耕作をあきらめる農家もあるほどだ。被害の増加は、個体数が増えるとともに山地を下り餌の豊富な人里に現れるようになったことが一因のようだ。

　厚木・愛川・清川周辺のニホンザルの個体群は、鳶尾群、経ヶ岳群、煤が谷群、川弟群、半原群、ダムサイト群やこれらの分裂群がそれぞれの地域を縄張として生息している。人里に近い地域の群れほど人との接触や追い払われる機会が多いためか、人に対する威嚇や攻撃的行動が多く危険である。

　被害防止策として、森林と里地の境に侵入防止の電気柵を設置したり、群れの一員に発信器を背負わせ群の行動を監視したり、近づいて来ると設置してあるスピーカーから警報音が鳴り地域に知らせる地域もある。また、各自治体では追い払いを専任とする人員を置くなどの対策も取っている。すばしっこくて知恵のある相手で被害防止の効果も完璧ではない。敵はさる者と言ったところだろうか。

16 愛川・清川からの眺め

　経ヶ岳山頂は、厚木市と愛川町と清川村の境界が交わるところだ。三角点もある。3市町村の何れからもつながった登山道の合流点でもある。いわば旧愛甲郡（3市町村）の三国峠と言った処だ。近くには、華厳山、法華峰、法論堂、

仏果山などの仏教にかかわる地
名があるのは、かつての山岳修
験の修験道でもあったからで、
山頂近くには弘法大師ゆかりの
「経石」もある。

　山頂に立つと、パノラマのよ
うに広がる丹沢の山々の雄大な
景色に圧倒される。修験者もこ
れから向かう修験の峰々を眺め決意を新たにしたことだろう。現在では「関東
ふれあいの道」もこの山頂を通っている。
　南方に眼をやると、大磯丘陵（高麗山や湘南平）の遠方、相模湾沖に伊豆大島が
遠望できる。およそ100 kmの距離である。眺望は冬が適期だが、陽が低く逆光
の方角にあるため、すっきりした姿の大島が眺められるのは限られている。富
士山や伊豆半島の山々の影響から相模湾には雲が出やすく、海面からのもやも
発生するため、天気の良い日でも期待外れのこともある。手前の集落は清川村
役場周辺、右の山は鐘ヶ嶽である。半原越から経ヶ岳山頂までは20分。愛川・
清川から大島を眺望するのも一興である。

17 川霧による幻想的な情景

　写真は、冬の風のない冷え込んだ朝に、国道412号線から田代運動公園方面
の中津川を見たもので、川面に漂う川霧に朝日が差込み、赤い光が霧を通して
散乱し、周辺を赤く染めたものである。めったに見られない現象で日の出から
10分間くらいのできことだった。陽が昇るにつれて霧は消え、いつもと変わら
ない川面に戻って行った。いくつかの条件が重なることによって出現した幻想
的な自然の一コマと言えるものだ。

　川霧は、温かな川面から立ち上る
水蒸気が日の出前の冷たい空気に
よって冷やされ、空気中の水蒸気が
凝結して小さな水の粒になったもの
ので、寒い時に人の吐く息が白くな
るのと同じ原理である。川霧はその
出来方から蒸発霧と呼ばれている。

反対に、暖かくて湿った空気が冷たい地面や海面上に移動して発生する霧を移流霧と言い、北日本の夏の海霧が有名である。

　ちなみに、上空で空気が冷やされてできたものが雲で、地表付近で発生する霧と正体は同じものである。また、霧で視界が悪くなることがあるが、気象庁では1km以上先まで見通せる場合はモヤと規定し、霧と区別している。

18 春を待つアゲハチョウ （揚羽蝶）

　アゲハチョウはきれいな模様の馴染みのある蝶だが寒い冬に見かけることはない。冬越しの仕方は昆虫の種類によって様々だが、花の蜜もなく繁殖にも適さない冬場の半年間は蛹や卵でひたすら春を待っているのがほとんどだ。

　アゲハチョウの幼虫は秋のうちにたっぷりと栄養を取り、幼虫の最後の段階で体を1本の糸で固定すると脱皮して蛹となる。衣替えをして寒さや乾燥に耐える冬モードになるのである。蛹は緑色でまわりの葉や枝に溶け込んだ保護色で、野鳥などの天敵の目をくらまして身を守っている。

　アゲハチョウはミカンやサンショウ、ユズなどミカン科の植物の葉を食草と

しているので、これらを目当てに観察をするといい。幼い幼虫は黒と白がまだら模様となっていて野鳥の糞に擬態している。4回の脱皮を繰り返して終齢幼虫になると、頭の大きな緑色をした柔和な顔つきの幼虫になる。同じ幼虫とは思えない姿に変身する。

　筆者は子供のころ、葉を食べつくしたサンショウの枝にとりついている幼虫を突いて怒らせ、黄色い角を出すのを楽しんで遊んだ記憶がある。同じ仲間にキアゲハ、モンキアゲハ、カラスアゲハなどがいる。

19 侵略的外来種ガビチョウ （画眉鳥）

　ガビチョウは平成になってから人目につくようになった外来種である。鳴き声が大きく複雑な音色で長い時間さえずることから多くの人が耳にしているはずだ。大きさはツグミくらい。体色は茶褐色で地味だが、眼の周りから後方に眉状に伸びた白い紋様が特徴的である。和名は原産地の中国名「画眉（鳥）」

を日本語読みにしたもの。

　人家近くの藪や竹林を住処としていて朝夕には道や畑などの開けたところに出てくる。地上を走り回って昆虫や果実を餌としているようだ。民家の庭木でさえずることもある。

　藪や竹林はウグイス、キビタキ、アカハラ、アオジなど多くの在来の野鳥たちの生息場所である。ここに侵

入して大きな声で他種のさえずりを真似することもある。競合する巣作りや餌、採餌場所などで優位に立つと、その場所の生き物どうしの関係を攪乱したり在来種を追い出してしまう懸念がある。環境庁によれば、「ガビチョウは里山的森林において最優先種となるなど生物群集が変化している。長期的には在来種への直接・間接の負の影響も懸念される」として、外来生物法で特定外来生物に指定している。また、日本生態学会の「日本の侵略的外来種ワースト 100」にもリストアップされている。

20 カラスの巣 （鳥）

　♪カラスなぜ鳴くの　カラスは山に…♪、と歌われ、子育ては奥山で行われていると思われがちだが、巣は人家近くの大きな樹木の高いところに作られる。春の芽吹き前から巣作りを始めるので巣の存在はすぐに分かる。大きさは直径が 60 cm から 80 cm はある。雛が孵るころには葉が茂げってきて、雛を狙った天敵からは見えなくなり安全に子育てができると言う訳である。

　巣は小枝や木片のような硬い素材を使っている。卵はウズラ大で薄い緑と茶の地に迷彩模様がある。数は 7 つではなく普通 3〜5 個だそうだ。なお、ヒナが孵ってから巣立つまでの子育て中はカラスの警戒心が強くなり、巣の近くを人が通ったときに攻撃を受けることがある。巣に気づいたら、近くで見上げたり立ち止まったりしない方がいい。

都市部では街路樹や電柱などに巣作りをすることがあり、また、巣の材料も自然界にはないポリエチレンのひも類なども使われるそうだ。中でも針金ハンガーは、巣を頑丈に作るための格好の材料となっていて、電柱に作った巣の材料でショートし、停電事故が報道されたこともある。普通に見かけるカラスには、くちばしが太く額が出っ張ったハシブトガラスと、くちばしが細く、額がなだらかなハシボソガラスがいる。

21 どんぐりの芽生え

どんぐりはコナラやクヌギ、カシなどのブナ科の木の実（種子）を指すものである。

どんぐりの作柄は前年、あるいは前前年の気候などの影響も受けるほか、隔年結実（1年おきに実を付ける）の傾向もある。栄養価の高いどんぐりは多くの動物たちの食料となっていて、不作の年には食べ尽くされてしまい、どんぐりを主食の一つにしているツキノワグマが餌を求めて人里に下りて来ることがあり、人と遭遇する機会が多くなって事故につながることもある。

コナラのドングリは、秋に地表に落ちるとその年のうちに根を伸ばす。冬に地表にあるドングリを見ると、先端の尖ったところから根だけが伸びて地面に刺さっている。このまま冬を越したドングリは春を迎えると堅い殻を脱ぎ捨て成長を始める。写真で、2つに割れたピーナッツのような部分が養分を蓄えている子葉で、この養分を使って本葉が伸び、コナラの芽生えとなるのだ。

開花した年の秋にどんぐりとして成熟する種類はコナラの他、アラカシ、カシワなどがある。2年越しで成熟する種類にはクヌギ、マテバシイなどがある。

22 ニオイタチツボスミレ（匂立壺菫）

愛川・清川とその周辺には20種を超えるスミレが自生している。春の自然観察会の楽しみの一つに何種類のスミレを見つけることができるかが観察テーマになることもある。

スミレの種類は見分けが難しいものもあるが、ニオイタチツボスミレの花は

濃い紅紫色で真ん中が白く抜けているように見える。5枚の花びらは丸みがあってそれぞれが重なりあっている。茎や葉柄に細毛が密生する。などが他のスミレ類との区別点となる。名前のとおり僅かだが芳香もある。

　山地や丘陵地に自生するが、タチツボスミレに比べると数は少なく、めったに出会うことがない。山野での草刈りなどが行われなくなった昨今、日当たりのよい草地環境が減って来たことも一因のようだ。

　筆者は本種の色と形が好きで、出会えたことの幸運に感謝しつつ可憐な姿に見惚れ、その場を離れるのも惜しい気がして親しげに声をかけてしまうこともある。

　スミレ科の多年草。同じような場所にはアカネスミレやコスミレ、スミレなどもある。スミレ類は春限定、散策時に陽だまりのスミレに注目するのも楽しいかも。

23 **メジロの観察**（目白）

　メジロは数羽の群れで行動し、人家近くの林や庭木の多い住宅地などを行き来している。比較的警戒心は緩く、頻繁に鳴き交わしているため見つけやすい。人の生活圏と重なることもあって昔から人々に親しまれている。留鳥（一年中同じ地域に留まって生活している野鳥）であるが見かける機会は冬場が多い。

　晩秋から初冬にかけてはヒサカキなどに群れ、液果（甘い液体を含んだ実）を啄ばみ、一日中一つの木を中心に過ごしていることがある。冬枝に残された熟し柿にもやって来る。柿を啄ばむために枝に逆さ釣りになるなど可愛らしいしぐさは一見の価値がある。同じ木にヒヨドリやツグミなどと一緒になって賑やかに啄ばんでいることもある。開花の早いツバキには花粉に紛れながら花に取り付いている姿があり、梅の花がほころび始めると待

っていたかのようにやって来る。餌の少ない時期、花の蜜は貴重な栄養源なのであろう。

　身近で観察していると、採餌のために人の営みと関わりの深い花や実を、季節の巡りに合わせて移動していて興味深い。

　メジロはスズメより小さく、体色は深緑。目にトレードマークの白い縁取りがある。寒い時期、果物などを置いて継続して待つのも観察法の一つだ。

24 自然豊かな谷太郎川周辺

　谷太郎川は、大山北東斜面を源流とし、いくつもの沢が合流し次第に大きな流れとなって清川村を下り、流域を潤しながら最下流で相模川につながっている。渓流部では渓崖や大きな転石を洗いながら流れ、瀬や落ち込み、淵、瀞と変化に富んだ清流となっている。川沿いには整備された林道が続き、林道からは簡単に河畔に降りることが出来る。

　水と緑が織りなす自然を求めて多く人が訪れ、渓流釣や、夏場でのバーベキュー、川遊びで賑わいを見せる。自然とのふれあいのできる家族向けの場所もあり、大山や周辺の山につながる登山道も整備されていている。

　自然は多様な動・植物からなるその土地の生態系が安定して保たれていることが重要であると言われている。平成24年にここでシダ植物の観察会が催された折、2㎞ほどの林道で63種類もの多くのシダが確認できた。このとからもシダだけではない多様な生き物の姿と自然の豊かさが推察できるであろう。清流ではカジカガエルが鳴き、ミソサザイがさえずり、周辺は深い緑に包まれ

た絶好の森林浴コースであり、様々な動・植物に出合える場所でもある。谷太郎川の魅力は原生な自然と、誰でもが気楽に行けることにある。ヤマビルに注意。

25 うつむいて咲くホウチャクソウ（宝鐸草）

　宝鐸（ほうちゃく）とは寺院の建築物の軒先の四隅に吊り下げられた飾りのことである。茎の先端に長さ2cmほどの花が垂れ下がって咲く様子が宝鐸に似ていることから名づけられた。

　陽の直接当たらない道端や林の中などに生えていて、春の散策では普通に出会うことができる。がくと花びらとが区別できない花の、花びらの役目をしている部分を花被片と言うが、ホウチャクソウの6枚の花被片は開かず細長い筒状に合着しているように見える。花被片の先端は緑色をしている。花は下向きに咲く。など、他の普通の植物のように、目立った色の花びらを誇らしげに開き雄しべや雌しべに昆虫を引き寄せる花とは雰囲気が違うところがある。観察してみて欲しい。実は草丈の割に大きく直径1cmほどの真ん丸の黒紫色の液果となる。

　ホウチャクソウの若芽は有毒である。若芽の様子が似ているアマドコロやナルコユリは春の山菜として利用されているが、混同しないためにこれらの採集に注意が必要である。ユリ科の多年草で、同じ仲間にチゴユリがある。

26 純白で端正なイチリンソウ（一輪草）

　イチリンソウと同じ仲間にニリンソウ、サンリンソウがある。特徴が分かりやすい名前であるが、それぞれの花は一輪、二輪、三輪と決まっているわけではない。概ねその花数が付くことから名付けられたものである。生育条件や株の大小によって、名前の数より多かったり少なかったりは珍しくない。

　イチリンソウとニリンソウは同じ場所に混生していることがあるがイチリンソウの葉には葉柄があり葉の切れ込みが細かいのに対して、ニリンソウの葉には柄がなく葉の切れ込みは少ない。花の大きさはイチリンソウが直径4cm程でニリンソウより大きく、サンリンソウは高山にあっ

て花は一番小さい、などの特徴から見分けは難しくはない。

　イチリンソウの花は純白で端正な形をしているが花びらは無くガクを花びらのように発達させている。昆虫を引き寄せるため花を目立たせる知恵なのである。花の裏まで観察してみていただきたい。

　やや湿った明るい雑木林の林床や林間の草むらに群生する。近縁種にアズマイチゲ、キクザキイチゲなどもある。いずれも早春に出現し春の終わりとともに消えてしまうスプリング・エフェメラル（春の妖精）の一つである。キンポウゲ科の多年草。

27 草刈りとクサボケ（草木瓜）

　段々畑の土手や作業路は、畑を区切る境界だけでなく、土の流失を防いだり牛馬の飼料を得る萱場であったりと、昔から様々な役目を持っていたので、その土地を利用する人たちによって頻繁に草刈りが行われていた。クサボケはそうした日当たりのよい場所に自生していることが多かった。機械化の進んだ今日では耕作に不便な傾斜地の畑は放棄され、林野化が進んで自生地が失われ、近年めっきり減ってきている。

　果実は、愛川・清川ではチドメとかシドメと呼ばれている。径４ｃｍほどになり、大きなウメのような形をしている。黄色く熟してくると何とも言えない甘い香りを発するようになる。おいしそうに見えるが果肉は固くて食べられない。無理に口に入れてみると渋くて酸っぱい。果実酒ならいけそうのようだ。

　「クサ」が付いているが、草ではなくれっきとした木本である。幹が堅いため草刈鎌では負担になることもあり、また、きれいな花や大きな実、香りが良いことなどから草刈りもこの株をわざわざ避ける配慮をする人もいた。

　日本特産種の落葉低灌木。雌雄異株。同じ仲間に中国原産の園芸種ボケがある。

28 サクラ前線 (山桜)

桜の開花前線というと、ソメイヨシノの開花予想日を日本列島に線で示した地図を目にする。日を追うごとに開花日が南から北に進行していく様子が一目でわかり、南北に長い日本列島の気候の違いが実感できるものだ。

開花は気温の上昇に伴って進行することから、標高の高い所の開花は平地より遅く、開花時期に差がつく。このため、標高差を登っていく垂直方向の開花前線もある。

写真は4月中旬の仏果山である。左下隅の中津川河川敷は標高およそ90mで747mの山頂までの高低差は650m程である。この範囲はヤマザクラの分布域でもある。撮影日には山腹の6〜7合目あたりが満開を迎えている。仏果山では例年3月末の山麓から4月末の山頂まで一ヶ月かけて開花前線が登っている。なお、花の終わった山麓は萌黄色に変わりつつあるのに対して山頂付近は冬の要素が残っていて、気温分布の違いが一目瞭然である。

ソメイヨシノはすべての木々が同じ形質を示すのに対して、ヤマザクラは遺伝的多様性を持っているため、一本々花の色や葉の付き方が異なり、山腹はヤマザクラによって様々に彩られる。艶やかなソメイヨシノとは趣の違ったお花見を楽しむことができる。

29 シャガは中国語が由来 (著莪、射干)

シャガの学名（ラテン語で表記）は「*Iris japonica*」＝「日本のアヤメ」である。日本の環境によく馴染み、繁殖力旺盛であちらこちらに見られることから日本の固有種のように思われがちだが、中国原産で古い時代に日本に入ってきて野生化した帰化植物である。種子はできず短く横に這

う根茎で増える。人家の庭先のほか、集落近くの森林の木陰などに群生している。

外側の３つの花びら（外花被）には黄色と紫の斑紋があり、縁にはギザギザしたフリルがある。内側の花びら（内花被）は白っぽい紫で先端が２つに分かれている。また、真ん中にある雌しべも３方に開いている。凝ったつくりの花であるが１日でしぼんでしまう（一日花）もったいない植物である。

和名のいわれは、葉がよく似たヒオオギと間違えてその中国名「射干」を日本語読み（シャガ）したものと言われている。現在では「著莪」が用いられている。アヤメ科の常緑多年草。同じ仲間にヒメシャガ、ハナショウブなどがあるが、近在には自生は見られず園芸植物として植栽されていることがある。

30 優しさを醸すハハコグサ（母子草）

畑、庭、道端など日当たりの良いところに普通に見られる越年草。越年草は秋に芽を出し、冬を越して翌春に伸長して開花、結実する植物のことである。ハハコグサは寒い冬期には地面には貼りついているが、暖かくなると根元で分枝した数本の茎が立ち上がるように成長していく。葉はうす緑色の厚みのあるへら型で、ビロード状の綿毛が密生している。触った感触はフェルトのようである。手にとってみて欲しい。

筆者がこの植物で一番ひかれるのは、小さな頭花の黄色く輝いた色合で、茎や葉に生える白い綿毛と一体となって明るさや優しさを醸し出していることだ。母と子どもの一体となった感じにも通じる雰囲気がある。じっくりと観察することをお勧めしたい。

ハハコグサの名の由来は不明だが、別名をホウコクサと言う。また、古名をゴギョウ（御形）と言い、「セリ、ナズナ、ゴギョウ、ハコベラ、ホトケノザ、スズナ、スズシロ」と春の七草に数えられている。

同じ仲間に絶滅危惧種のアキノハハコグサがある。また、近年分布を広げてきた外来種のウラジロチチコグサ、チチコグサモドキなども普通に見かけるようになってきた。キク科。

31 ビロードツリアブ（天鵞絨吊虻）

　早春に出現し、春の終わりとともに姿を消してしまう生きものを「スプリングエフェメラル」とか「春の妖精」と呼んでいる。短い期間に生物としての営みを全うして、来春まで姿を見せないでいる生き物である。植物ではカタクリやイチリンソウなどがあるが、昆虫ではビロードツリアブがよく知られている。まだ寒さは残る庭の陽だまりでこの虫を見かけると我が家にも本格的に春が来たと実感する。

　丸みのある体に、細長い毛がたくさん生えていて、ぬいぐるみのような可愛いアブである。尖った長い口吻（こうふん）は花の蜜を吸うためのもので、人は刺さない。静止飛行が上手で、空中の一点でホバリングしている姿が空中に吊り下げられているように見えることからツリアブの名が付いたのだ。

　陽だまりの一角を縄張りとしていて、地面すれすれでの静止飛行と機敏な移動飛行とを繰り返している。小さな花を見つけて吸蜜したり、恋の相手を探しているようである。葉の上で休むこともあり、人がかなり近づくまで逃げるそぶりをしないのは、天敵の少ない早春の生きものだからだろうか。

　卵は土中に巣を作るヒメハナバチ類の穴に産み落とされ、この幼虫に寄生し、宿主を栄養にして翌春まで土中生活をするのだそうだ。自然には生き物の思わぬ世界があり、感動を覚えることがある。

32 ミミガタテンナンショウ（耳型天南星）

　サトイモ科テンナンショウ属は種類が多く、同種の中でも変異があり、また2種の中間的な形質を示すものもあって、種類を特定することが難しい植物群である。

　ミミガタテンナンショウは春に芽を出すと成長しながら花を開いていくせっかちな植物である。草丈は20

～80cmと幅があり、花の大きさも草丈に応じて大小差があるため、株ごとの特徴を言い当てながら観察する面白さがある。雑木林の林床や林縁などに生育している。愛川・清川では山道でもよく出会う。

　花は仏炎苞（ぶつえんほう）に包まれた特異な形態をしている。「仏炎苞」は棒状の花穂（肉穂花序とも言う）を包みこんでいる苞葉のことで、仏像の後背の仏炎に似ているためこのように呼ばれている。ミミガタテンナンショウは仏炎苞の開口部が耳のように大きく張り出しているのが特徴で名前のいわれでもある。地下部はコンニャクイモのような根茎がある。

　テンナンショウと言うと星座のようだが、漢名の「天南星」の音読みがそのまま和名となったものである。サトイモ科の雌雄異株の多年草で同じ仲間にマムシグサやウラシマソウがある。全草有毒。

33 個性豊かなヤマザクラ （山桜）

　桜の名所は全国にあるが、ソメイヨシノが出現する江戸時代以前の花見と言えばヤマザクラが主体だった。有名な「吉野の桜」は平安時代から名所として知られている。

　ヤマザクラは愛川・清川の雑木林でもっとも普通に見かける桜である。写真はヤマザクラに彩られた愛川町の向山斜面だが、同じ地域のヤマザクラであっても花の色の濃淡、新芽の色合い、葉と花の開く時期などが様々である。花と同時に開く若い葉の色は特に変異が大きく、赤紫色、褐色、黄緑色、緑色などがある。花の色も白色や淡紅色だけでなく、淡紅紫色や先端の色が濃いものなどもある。こうした形質の違いを「個体変異」と言うが、ヤマザクラならではの樹ごとの個性であり、魅力にもなっている。

　ちなみに、園芸種のソメイヨシノは雑種起源の種（しゅ）で不稔性（種子ができない）のため、接ぎ木や取木で繁殖させていることから全ての樹の遺伝子が同じで、個体変異は起きない。このため同じ花が同じ時期に開

花し、絢爛豪華に咲き誇るというわけだ。

　バラ科の落葉高木で、同じ仲間にカスミザクラ、チョウジザクラ、マメザクラ、オオシマザクラなどの自生種がある。

34 山菜ワラビ（蕨）

　筆者の楽しかった思い出の一つにワラビ折りがある。子どもの頃の我が家では、家族が揃って出かけることと言えば畑仕事以外はほとんどなかった。母の実家や叔父、叔母の家を訪ねるにしても家族そろってとはいかなかった。そうした中、仕事を離れて家族で出かけたのが近くの山でのワラビ折りである。我が家の行楽行事でもあったのだ。

　ワラビの生えているところは、薪山（まきやま　燃料用のまきや木炭の生産のための伐採作業）の跡地や、山麓の耕作を止めた開墾畑などで、草地の広がる明るい場所が狙い目だった。ワラビを見つけたときのウキウキ感とともに、家族で出かけたことが嬉しかった記憶になっている。

　ワラビは簡単な灰汁（あく）出しで食べられる山菜で、香り、味、食感も良く、山菜料理には欠かすことができない食材である。山菜としては一番の人気で、場所さえ当たれば収穫量も多い。灰汁抜きはワラビに木灰か重曹をかけ、熱湯を注いでそのまま一晩置いた後、水洗いすればOK。おしたしにするには茹ですぎないことだ。コバノイシカグマ科の多年草。

　イヌワラビ、クマワラビ、ミドリワラビ、コウヤワラビなど、ワラビと名の付く植物は多いが、ワラビ以外は普通では食べない。シダ植物の山菜はワラビの他にゼンマイ、クサソテツ（コゴミ）、スギナ（ツクシ）などがある。

35 幻想的な姿のギンリョウソウ（銀竜草）

　植物といえば緑色。これは誰でもが常識的に認識していることである。葉緑素を持ち、光合成によって栄養分をつくっている生き物を普通、植物と呼ぶ。ギンリョウソウは全身が半透明な白色をしていて、植物の常識的なイメージに合わない。なぜだろうか。

　ギンリョウソウは林の中の落ち葉が堆積する地面に生える。土中の菌類の働きを介して、たい肥化した落ち葉などから栄養分を獲得している。言わば、他の植物が作った有機物を栄養分として利用している植物なのだ。こうした仲間を腐生植物と言い、光合成を行なう必要がないため葉緑素を捨て、葉も鱗片状に退化させ、幻想的な姿となったのである。
　生き方はキノコの様でもあるが、根や茎があり花を咲かせる種子植物の仲間である。ちなみに花後は背丈に似合わず経2cm程の大きさのまん丸い実を付ける。名前の由来は、鱗片状の葉がついた茎を胴体に、うつむき加減の花を頭に見立て、全体が白色である事から銀の竜に例えたものである。
　新分類体系ではツツジ科シャクジョウソウ亜科の多年草。同じ仲間にアキノギンリョウソウがある。

36 チャドクガに要注意（茶毒蛾）

　名前の通りチャ（茶の木）に発生する毒を持った害虫であるが、チャだけでなくツバキ科植物全般に発生する。ツバキの新梢が伸びて刈込の時期を迎えるころに発生するため、作業中に被害に遭い大変な経験をした方もいられるのでは。
　幼虫は毛虫で、毒のある毛は目に見える長い毛とは別物で、一見しただけではわからないほど短いもので筆者もじっくり見たことがない。が、被害には何度もあっている。ヒリヒリとした痛みに襲われ、しばらくするとかゆみも加わり、掻き毟りたくなって結構つらいものである。人により被害の症状が異なっていて深刻な場合もあるようだ。

　幼虫の脱皮殻や死骸、成虫、卵にも毒針毛が付いているので触れることは厳禁だ。幼虫の集団が一斉に首ふり運動する時は毒針毛をまき散らし

て時だそうだ。近くを通っただけで被害に遭うこともあるようだ。

若齢幼虫は横一列に並んで葉を食餌しているので目につきやすいが、集団の怖さも感じる光景である。食い尽くすと次への移動も集団で、大発生するとすべての葉を食い尽くしてしまうほどだ。食痕のあるツバキやサザンカの葉を見つけたら要注意。被害防止には若齢幼虫のうちに枝ごと取り除くのがよい。

37 ノビルの繁殖戦略 (野蒜)

ノビルは、花が咲き種子ができるはずの花穂の先端に、紫褐色で固い小さな球根のようなむかご（球芽）をつくり、種子に代わってこのむかごを散布する。また、地下の球根（鱗茎という）が分球することによっても繁殖する。種子の散布と合わせて3通りの繁殖方法を持った植物である。

地下にできるラッキョウのような鱗茎は山菜として食用になる。タマネギとニンニクを合わせたような香があり、辛味もあって、ヌルッとした食感が食欲をそそる。旬は春で、味噌をつけた生食がおいしい。

筆者は子どもの時、春の陽気に誘われ活動を始めた地バチが地面につくった小さな穴にノビルの若い茎を差し込み、庭でハチ釣りをして遊んだことがある。深い穴の中で鮮烈な香りにハチが反応したのだろうか。

ノビルは人里近くの畑地や周辺の土手に普通に見られ、沢山の個体が束のようにまとまって群生することが多い。写真は花穂の先にできたむかごの塊である。地上に落ちるのが待ちきれず出芽して緑の細い葉を出したものを見かけることがある。ヒガンバナ科ネギ亜科の多年草。

38 陽当たりを好むヒメハギ (姫萩)

背丈は小さく花が萩に似ていることからヒメハギとなった。ヒメハギは日当たりを好み、乾燥気味の急傾斜地などに生育していることが多い。

筆者がこの花に出合ったのは仏果山の山頂近くで、傾斜のきつい痩せ尾根の岩場をよじ登っているときだ。正面の岩の割れ目から花が覗いていた。鮮やかな赤紫色の小さな花に一服の清涼感を覚えた瞬間となった。よく見ると周辺に

も数株が散見された。目先の高さなので花の細部がよく観察できた。5個の萼(がく)のうちの2枚の側萼片は紫色の花びら状で大きく両側に開いていた。また、3枚の花びらのうち2枚は濃い紫色をしていて、下側にあるもう1枚は先端に細裂するサンゴのような白色の付属体があった。花の内部を開くと柱頭(花粉を受ける雌しべの先端)が2つに分かれていた。特徴的な花の形や色がこの花の可愛らしさの所以である。厳しい環境にけなげに咲くその姿は人を引き付けずにはおかない魅力がある。

　葉は長さ1cm程の小型。束生する茎は細いが硬く丈夫である。背丈は大きくても20cm止まりである。ヒメハギ科の常緑多年草。

39 ひょうと積乱雲 (雹)

　ひょうは初夏のころの夕方近くに降ることが多い。わた菓子のような小さな積雲が、発生からわずか数十分で雄大積雲に発達し、さらに上昇して成層圏(10～12km)との境(圏界面)まで達したものが積乱雲である。積乱雲は成層圏を突き上がることはできず、圏界面を横に広がっていく。この最上部が横に広がった雲をかなとこ雲(金床)と言うこともある。

　積乱雲は、激しい上昇気流によって発達したもので、突風や雷を伴って激しいにわか雨やひょうを降らせる。上昇のエネルギーの源は地表近くの空気の塊(空気塊)が日射などで暖められ膨張することによって密度が小さくなり(軽くなり)、周囲の重い空気の中で浮力が生じるからだ。上昇すると周囲も空気塊も温度は下がるが、周囲より温度が高い間は浮力が働き上昇を続ける。エネルギーが十分でないと途中でしぼんで空気塊は下降し、雲も消えてしまうが、残ったエネルギーに新たなエネルギーが供給されると、再び成長をすることもあり、発達、消滅を繰り返す。これが雷雨時の不安定な空模様となる

のである。

　ひょうは、積乱雲の中で起こっている上昇気流の激しさを物語るもので、圏界面近くまで上昇した空気塊は－10度以下になり、含まれていた水蒸気は凝結し氷の粒となる。氷の粒は自らの重さで落下し始めるが、落下の途中で上昇気流に出会うと再び上空へ吹き上げられてしまう。これを繰り返すうちに氷は大きく成長する。さらに重さを増すと吹き上げられずに地表面まで氷のまま落下する。これがひょうである。ひょうを輪切りにすると同心円状の模様が見られることがあるが、これによって上空を何往復したかが分かる。

40 大きな葉と花のホオノキ（朴木）

　愛川、清川の山々が新緑につつまれる頃、大きな葉を車輪状に広げた枝先にひときわ目立つ白い花が咲き始める。ホウノキの花は高い梢にあって近くで観ることが難しく、林道や尾根道から眺めるだけのことが多い。

　開花すると1日目は雌しべが成熟し昆虫が他の花から運んできた花粉を受粉する。2日目には雌しべは閉鎖状態で、雄しべが成熟し昆虫に花粉を他の花へ運ばせる。3日目には花びらと雄しべはともに役目を終えて落ち始める。成熟期がずれるのは自家受粉を避け、多様な遺伝子を他花と交換し合うため（他花受粉）と考えられる。直径20cmもする大きな花を2日間で散らしてしまうのはもったいないが、ホウノキにとっては効率よく受精が行われれば良いと言うわけなのだ。

　名前は「包の木」が語源で、香りのある若葉で様々な食材を包んだことからきている。子供のころ我が家では酒まんじゅうを作る際の蒸し器の底にこの葉を敷いていた。甘酸っぱい味とともに微かな香りが記憶にある。また、材はやわらかく均一な材質から、小学校の図画工作の時間の木版画の材料として年賀状を彫ったことも記憶にある。

　モクレン科の落葉高木。実は10cm前後のトウモロコシのような形をしている。

41 ヤマツツジ（山躑躅）

　名前の通り、山に生えるツツジである。あえてヤマを冠して名乗るのは、山に行けばどこでも見られるからである。ヤマツツジは他のツツジ類に比べ圧倒的に多く、花は4月から6月まで早いものから遅いものまで株ごとにばらばらに咲くため花期は長い。また、身近な裏山から標高1000mを越える高さまで分布の幅も広い。このため、山歩きでは出合うことが多く、登りの途中で足を止め一息入れるのはこの花の前ということになる。明るい橙色の花には癒し効果もあって、多くのハイカーに親しまれている。

　子どもの時、家の手伝いの薪炭林（まきやそだ等の燃料を生産する林）作業で、太い樹木は大人が伐採し、灌木で株立ちしていて手ごろな太さのヤマツツジなどは子どもの分担だった。材質は固いにもかかわらず粘り気がなく切りやすく、楽

しい作業だったことを覚えている。また、かまどや囲炉裏で燃やすときには火が付きやすく火力もあるため煙を出さずに燃やせる重宝な燃料だった。

　近年、愛川・清川地区ではスギやヒノキの植林地が増え、陽が差し込まないうっそうとした針葉樹の林が多く、こうした環境ではさすがのヤマツツジも姿を消してしまっている。燃料革命によってまきや木炭などの生産のための伐採も行われなくなり、萌芽更新による林の若返りがなくなったため、高木になる樹種が生き残る自然淘汰も進行して、ヤマツツジなどの明るい雑木林を好む植物にとっては生きにくくなってきている。ツツジ科の半落葉低木。

42 中津川の源流塩水林道を歩く

　宮ヶ瀬から中津川上流部をめざして、渓谷に沿った曲がりくねった道を進んで行くと塩水橋に着く。丹沢山地に深く分け入った所で、ここが中津川と呼称する最終地点である。ここより上流は本谷川と塩水川と呼ばれるようになる。
　塩水橋を渡るとすぐに本谷林道への分岐点になる。そのまま進めば札掛から

秦野に抜けるルートだが、分岐点を右に曲がって一般車は通行止めのゲートを抜け100m程歩いたところをさらに右折すると塩水林道となる。

塩水川の渓谷を右下に見ながら緩やかな林道をぼっていくと、いつしか周囲の植物相が変わってきて標高が高くなったことが分かる。渓谷の流れや水の音、小鳥の鳴声、緑の輝き、道ばたを彩る花々に、人里の賑わいとは隔絶した別世界が続き、対岸の彼方にはひときわ大きな弁天杉も見えてくる。

やがて傾斜がきつくなり曲がりも多くなるのを感じながら進んで行くと林道の終着点に着く。堂平だ。丹沢山の北斜面で、緩やかな地形とブナの原生林が有名である。標高は1000mに届くところだ。ここが中津川の源流域である。自然観察を楽しみながら往復一日行程で歩ける。新緑の春が好機。清涼感を味わえる夏もよし、紅葉の秋も言わずもがな。

43 変身上手なアゲハチョウ（揚羽蝶）

はねのデザインが美しい蝶がミカンやカラタチ、ユズなどの周辺で舞っていたら産卵が見られるかもしれない。アゲハチョウはミカン科の植物の葉を餌としているからだ。たまごは1ミリほどでクリームがかった真珠のような白色をしている。

幼虫は葉を食べ脱皮を繰り返し成長していく。3回脱皮するまでは黒と白のまだら模様で鳥の糞に擬態して天敵の目をあざむくようにしているが、4回目の脱皮の後（終齢幼虫）には一転して葉と同じ緑色を基調とした姿になり、黒と白の目玉模様があるヘビのような風貌となる。この幼虫を突々くと、頭部に隠し持っているオレンジ色の角をニョキッと出すとともにくさい臭いを放って外敵を驚かす。自分の身を守る手段なのだ。

さなぎの時期を経てやがてチョウになると蜜を求めてさまざまな花を

訪れる。アゲハチョウはなじみ深いチョウのひとつで、都会の真ん中から山地まで様々な環境で生活し、3月ごろから11月くらいまで見ることができる。

似たチョウのキアゲハは、幼虫が黄緑色と黒のしま模様に橙色の斑点がある派手な姿をしている。これも警戒色なのだ。ニンジンやパセリの畑で見ることができる。

44 エサキモンキツノカメムシ（江崎紋黄角亀虫）

ハートマークが特徴的なカメムシ。江崎悌三博士に因んで名付けられた。背中に黄色いハートの紋があることと、両肩の部分が角のように尖っていることからその特徴を示そうと長い名前となったものである。江崎博士は大正から昭和にかけて活躍した研究者で、没後博士を偲んで命名されたものである。

一般に、カメムシは「屁っぴり虫」などと呼ばれて嫌われているが、野外観察会でこの昆虫を紹介すると、ハートマークに魅かれて多くの人が関心を示し

てくれる。メスは産んだ卵から離れず、卵から孵ってもしばらくは寄生バチなどの天敵から子どもを守っているので、幼虫の集団の中に成虫がいる場面にも出会えることがある。翅の発達しない幼虫の背中にはニコニコ顔の人の模様があり、これもおもしろい。

カメムシが臭い匂いを出すのは自分の身を守るためで、脅威を与えなければ匂いを出すことはない。カメムシは種類が多く様々な特徴があるが、暮らしぶりをよく観察すると、彼らなりの工夫をしながら懸命に生きていることが分かり、生きものの多様性の奥深さを知る事例にもなる。

45 オトシブミ自然からの落とし文

林縁の散歩道や公園の林間などを歩いていると、「落とし文」を拾うことがある。小さな昆虫がつくったものとは思えないほどに見事な形をしている。中身を見たくて解いてみると、丹精込めて作った様子が偲ばれ、感心のひと言だ。オトシブミは1cmに満たない昆虫だが、長い口とかぎ爪のついた足を持ってい

て、巧みに葉を噛み切り、作業途中で解けないように折り癖を付けるように巻き上げ、縁を折り込む工夫までする。ラッピングの天才だ。

　オトシブミは、昔、直接手渡しにくい手紙をわざと落としておいて相手に渡るように配慮した文（ふみ）の包になぞらえられて名付けられた。

　この包みは「揺籃（ようらん）」と呼ばれ、中に産み付けられた卵が幼虫になり、やがて揺籃の内部を食べながら成長し、さなぎ、成虫と成長していくための食料であるとともに、外敵から身を守るシェルターの役目をしている。

　新鮮な若葉の生えそろったころがオトシブミの活躍する季節。「落とし文」を拾えるよう期待して森の小路を歩いてみてはいかがか。文（ふみ）の中身は豊かな自然からのラブレターかもしれない。

46 大型の苺クマイチゴ（熊苺）

　山地の伐採地跡や林道脇などでよく見かけるバラ科キイチゴ属の植物である。根は地下を横に這い、あちこちからタケノコのように新芽を伸ばす。茎は赤紫色で黒っぽい斑点があり、刺も多い。出芽した年はもっぱら成長をするだけで、開花、結実は2年目になる。

　クマイチゴは密生した茂みを形成することが多く、このヤブに入り込むと幹や枝、葉に生えている逆刺の棘に捕まって痛い目に遭う。他のキイチゴ類に比べ、大型で猛々しい様子を熊に例えて熊イチゴとなった。

　花は4月〜5月、背丈に似合わず花は小さく、白色の花びらは細身でしわがある。果実は直径1.5cmほどで、6月ごろに赤く熟すと食べられる。味は濃厚で甘酸っぱい。

　筆者の自宅付近では、数年前に法面工事のために樹木が伐採され環境が変わったところ、すぐにこの斜面にクマイチゴが侵入してきた。どうしてこんなところにと思っていたら

年々群落は広がってきて、おかげで、相当量のイチゴが収穫できるようになり、以来この時期の楽しみになっている。同じ仲間にモミジイチゴ、ニガイチゴ、ナワシロイチゴなど多くの種類があり、この時期に熟すものが多い。

47 おとなしいジムグリ （地潜）

　地中や朽ち木、石の下などに潜ることが和名の由来である。地表を行動することは稀なため人目に触れることは少なく、あまり知られていない蛇である。平地の林や森林の林床に住み、ネズミやモグラなどの小型の哺乳類を餌としている。肉食の蛇だが非常におとなしく、人が捕まえても攻撃姿勢はほとんどみせず、逃げるそぶりもあまり見せないため、親しみやすい面もある。餌の豊富な春や秋に活発に活動するようである。また、土中での生活から夏の日中の暑さは苦手のようである。

　写真で分かるとおり細長くくねった体型をしている。体色は赤みがかった茶褐色で黒い斑点が入る。斑点は成長に伴い目立たなくなる。頭部にアルファベットのＶ字の模様があり特徴の一つとなっている。

　涼しい早朝の時間に筆者の自宅の玄関に現れたジムグリだが、コンクリートとタイルで囲まれているため隠れ場所を失って戸惑っているところである。

　愛川・清川に生息する蛇には、アオダイショウ、シマヘビ、ヤマカガシ（毒）、マムシ（毒）などの普通に見かける蛇の他、ヒバカリ、タカチホヘビ、シロマダラなどが生息している。

48 日本最大のシロスジカミキリ （白筋髪切）

　カミキリムシには 700 種とも 800 種ともいわれる種類がいる。形や大きさ、色合いなど実に様々で、その多様な姿に魅せられてカミキリムシの標本づくりを趣味にしているコレクターもいるほどだ。

　シロスジカミキリは日本に棲むカミキリムシの中では最も大きく、触角をのぞいた成虫の体長は 5cm くらいある。体は灰褐色で、翅（羽根）にはうす黄色の斑紋や短いすじ模様が並び、名前のいわれとなっている。

幼虫はクリ、クヌギ、コナラなどの生木の材部を食害する。メスは固い木の皮をかじって産卵のために穴をあける。横に移動しながら次々と産卵するので、幹には産卵痕が輪状に残る。幼虫は幹の中で材を食べ進み、4年かけて成長すると蛹になり、やがて羽化した後に幹に直径2cmほどの丸い穴を開けて姿を現す。産卵や脱出痕のために傷つけられた幹からは樹液が染み出すので、樹液を求めてカブトムシ、クワガタをはじめとした昆虫類が集まっている。

シロスジカミキリは捕まえられるとキイキイという特有の音（泣き声?）を出して抵抗する。身近で見られるカミキリムシは本種の他、ミヤマカミキリ、ルリボシカミキリ、トラカミキリ、ノコギリカミキリなどがいる。

49 虹の不思議

調べていくと意外にも虹は7色とは限らず、虹の色を何色とするかは、地域や民族・時代により異なっているそうだ。6色だと言う国もあれば5色、8色の国もある。人々の認識が様々な故である。多くの日本人は7色だという先入観を持って眺めるから7色に見えると言うことかも。

虹が見える時の気象状況は、晴天時のにわか雨か、雨上がり直前に日が差し始めるなど、雨が降っていて日が射している時で、太陽を背にして太陽の反対側に雨域がある場合だ。太陽の光が雨粒によって屈折、反射するとき、雨粒がプリズムの役割をして分光し光が色の帯となって見えるのである。

虹と言えば夕方、東の空に見えることが多いが、太陽が高い日中では虹は低い位置に、太陽が低い朝や夕方では、高く見上げる位置に見えるので虹に気づき易いためだ。

運が良いと二重、三重に見えることがある。白い虹が見えることもある。写真では虹が二重に見える（右の

虹を副虹と言う）が色の配列は上下反対になっている。また 2 つの虹の間は暗くなっている。虹には不思議がいっぱい。チャンスを待って観察してみてください。

50 ヤマビル対策 （山蛭）

　ヤマビルは深い森と結びつけて恐怖をもって語られることがあるように山奥の森林が生息地であった。しかし平成に入った頃より人里での出現、生息地の拡大が言われるようになった。ヤマビルはほとんどの人が不快に感じる生き物のようで、気づかれないうちに血を吸われ、出血でぬめぬめして気づき、衣服も血痕で汚れるなど強い嫌悪感がある。

　普段は湿った落葉の下などにいるが、動物の吐く息や振動、熱などから動物の接近を感知すると言われている。一般には、シカやイノシシ、サルなどが宿主なっているようだ。動物や人が接近するとからだの前後にある 2 つの吸盤で尺取虫のように移動して取り付いてくる。血液凝固を阻害するヒルジンという

成分を出しながら吸血することと、ヒルの唾液に含まれる麻酔成分のため痛みを感じず、吸血されていることにも気づかず、また、吸血後も出血がしばらくは続いてしまう。筆者はたびたび被害にあったために抗体ができたのか（？）最近ではかゆみも腫れも以前ほどではなくなったことは皮肉である。

　厳冬期以外は要注意なので、ヤマビル出没地域に入るときには対策として塩水、酢、専用の忌避剤などを足元に巻くか噴霧しておくと良い。また、うっそうとした藪は刈払うなど、日当たりと風通しを良くするなども対策の一つである。

51 ムカゴが付くオニユリ （鬼百合）

　オニユリは、尾瀬沼などに自生するコオニユリとよく似ているため混同されがちだが、オニユリの方が花はやや大きく、葉の腋に珠芽（むかご）が付くこと

で見分けられる。庭先や空き地、河川敷などで見かけるのはオニユリで、コオニユリは亜高山帯などの山地の草原に自生している。

オニユリは背丈の割には葉が細く小さい。花弁はオレンジ色を基調に黒い斑紋がヒョウ柄模様になっている。花粉媒介の昆虫を引き付けるには十分目立つ派手な花であるが、結実せず種子は作らない。繁殖は葉の腋にできる暗紫色の珠芽で行われる。発芽から3年ほどで開花する成長の速い植物である。

花の姿が赤鬼を思わせることから「鬼百合」と名付けられた。鱗茎（根の球根）を食用にするため古い時代に中国から移入したものが野生化したものと考えられている。原産地は朝鮮南部との説がある。

ユリ類の花粉を衣類につけると洗っても落ちない。オニユリは花弁が反り返えっているため、花粉の付いたおしべが花から突き出た形になっている。接触被害に遭い易いのでご注意を。ユリ科の多年草。

52 夜の樹液に集まるカブトムシ（甲虫）

カブトムシは「昆虫の王様」とも呼ばれ、クワガタ類と並び人気の高い昆虫である。成虫は初夏に羽化し、夏休みに入ると出現のピークを迎える。

カブトムシは夜行性で、昼間は樹木の根元の落葉の下などで休んでいるが、前夜に十分えさにありつけなかったのか日中になっても樹木の幹に留まっていることもある。オスには角があるが、えさ場やメスの奪い合いの際に相手のからだを投げ飛ばすテコとして使うだけで、執拗な追跡や殺傷は行わないやさしい昆虫である。

カブトムシの集まる夜の樹液にはキシタバなどの蛾やミヤマカミキリ、モンスズメバチなどもいて、樹液の出るえさ場は限られているため場所取り争いで大賑わいとなる。また、カブトムシはタヌキやフクロウ類、カラスなどに襲わ

れることもあり、えさ場周辺は厳しい生存競争の場でもある。

　筆者の所属する愛川自然観察会では「夜の樹液に集まる昆虫観察会」を夏休みに愛川町郷土資料館と共催で開催しているが、毎年定員を超える参加希望者があり、子どもやその家族にとって夜間の観察体験は、昆虫の生態を学ぶ貴重な機会となっている。

53 日本女性と重なるカワラナデシコ　(河原撫子)

　単に「ナデシコ」というのは本種のこと。「ヤマトナデシコ」と言えば、八重咲の西洋のカーネイションや派手な色合いの中国産の園芸種に比べ繊細で淡い色のナデシコに、日本女性のイメージを重ねたものである。また、「なでしこジャパン」と言えば、持ち味の粘り強いチームワークで大柄な外国勢と渡り合う日本代表女子サッカーチームで、強い精神力でたくましく戦う姿が多くの人に感動を与え国民的注目を集めていることはご承知のとおりである。

　カワラナデシコは、河原だけではなく丘陵地や山裾などの適度に刈り込みが行われるなど人と自然が折り合って維持されていた日当たりのよい草地に多く生育していたが、耕作放棄地や管理放棄された山林の拡大に伴って草地が消え、減少してきている植物の一つである。
　筆者が子どもの時、自宅近くの土手に大きな株があり、毎年たくさんの花をつけていた。大人になって久しぶりに訪ねてみると高茎な植物に覆われていて、カワラナデシコの姿はなかった。以来この花を探し求めて久しいが、なかなか出合うことがない。やっと探し合えた時「お前ここにいたのか」と声を掛けたくなるほどの懐かしさと愛おしさを覚え、久々の出会いに気分が高揚したことがある。ナデシコ科の多年草。

54 クモノスシダの生き方

　クモノスシダは宮ケ瀬の塩水林道や中津渓谷下流の横須賀水道取入口付近の岸壁など、限られた場所にしか見られない希産植物である。石灰岩質の岩壁

に生える常緑のシダ植物で、これらの自生地は昔、擁壁工事が行われたところで、補強材に使われたセメントの成分の石灰質と関係がありそうだ。人の手が加えられた場所であっても、そのまま長い年月を経ると自然度の高い環境に変わっていく好例である。筆者は20年以上前から取入
口付近に自生を確認していたが、小さな植物であっても環境条件さえ損なわなければ生育し続けることができる実例でもある。弱い生き物にとっては環境の変化こそ恐ろしいことなのである。いま、多くの在来の生きものが数を減らし、また絶滅の危機に瀕しているが、自然環境を守ることはかけがえのないことである。

　葉の先はしだいに細くなってつる状に伸び、先端が周辺の岩壁に付着すると不定芽を出し、小さな個体を岩壁に根付かせていく。母親が子供を慈しんでいるようで微笑ましい感じがある。定着しにくい岩壁などで新しい個体を確実に増やすための戦略である。

　和名は「クモの巣シダ」であり、八方に細い葉を伸ばす姿からきている。チャセンシダ科。

55 タマムシにあやかって （玉虫）

　タマムシの体表には金属光沢があり、緑色の地色に上翅（はね）の両脇先端まで赤と緑の虹のようなしま模様がある。身近に生息する昆虫の中では姿かたち、色合いなどが人の目に強い印象を与え、人を引付けずにはおかない美しさがある。

　夏場の日中に食樹（餌として食べる植物）であるエノキの大木の高いところを飛び回っているタマムシを見かけることがある。天敵である鳥は、「色が変化する物」を怖がる性質があるため、角度によって見え方が変わる金属光沢は鳥から身を守るためと考

えられている。

　筆者は子どものころ、タマムシをコガネムシと呼んでいた。♪コガネムシは金持ちだ、金蔵建てて…♪の歌にあるように箪笥や財布の中に入れておくとお金が貯まると言われて、きれいな翅を引き出しに入れて置いたことがあった。

　法隆寺の玉虫厨子(たまむしのずし)はタマムシの翅で装飾した飛鳥時代の工芸品で国宝に指定されている。また、見る角度で色が変わるこの虫に因んで「どのようにも解釈ができ、はっきりとしないもの」の例えを玉虫色ということはご存知の通り。

56 カメノコテントウ (亀子瓢虫)

　赤と黒の特徴的な模様を持ったテントウムシ。光沢があって美しい。背中に亀の甲羅のような模様があることが名前の謂れだ。ふだん見かけるナミテントウと比べると一まわり大きく12㎜くらいはあってテントウムシの中では最大である。成虫・幼虫ともクルミなどにつくハムシ類の幼虫を餌として食べているそうだ。

　テントウムシの仲間には、背中に丸い点の模様を持つものが多く、模様の点の数によって名前が付けられたものがいる。よく知られたナナホシテントウ(7個)の他に、ヨツボシテントウ(4個)、ジュウサンボシテントウ(13個)、ジュウクボシテントウ(19個)、ニジュウヤボシテントウ(28個)などがある。出会ったら点の数を数えてみるのも一興で、種類も特定できる。なお、一番普通に見かけるナミテントウは同一種内でも個々によって様々に模様が異なり紛らわしい。

　テントウムシは住宅街でも見かけることができる身近な昆虫で、いずれも模様が派手な上に、小さく丸い体は可愛いこともあって幼児には人気がある。が、捕まえると異臭を放つ黄色い液体を出すので要注意である。

57 ルリチュウレンジ（瑠璃鑢花娘子蜂）とアカスジカメムシ（赤筋亀虫）

セリ科のレースフラワーの花にやって来た2種類の昆虫。ルリチュウレンジは、幼虫がツツジの葉を集団で食害する黒い斑点のある灰緑色のやや小型のイモムシとして知られている。成虫になると体色は金属光沢をした瑠璃色に変わり、幼虫時の姿からは想像できない変身ぶりである。大きさは10mmほどで、花の蜜などを栄養としているハチの仲間である。ハチと言っても巣は作らず、針は持っていない。花壇にやってくる虫を注意して観察していると出会うことができる。

一方は、黒地に赤い縦縞のアカスジカメムシ。大胆でシンプルな赤と黒のはっきりとした模様は粋なファッションを取り入れたかのような洒落たカメムシだ。腹面も赤と黒の斑模様をしている。

こうした色調は警戒色と呼ばれ、鳥からの捕食を免れるためにあえて目立ち、毒があるかのように見せているのだ。鮮やかな警戒色を発するカメムシは悪臭を出して捕食者を追い払うのではなく、大胆な姿で勝負しているようである。アカスジカメムシはセリ科植物を食草としている。パセリやニンジン畑などを注意して観察すると出会える。

58 渓谷の古橋（旧瀬戸橋）

周囲を深い緑に囲まれ人の気配も遠ざかった橋。自然の中に静かにたたずむ幾何学的な造形物。老朽化が進み苔むすコンクリート橋。写真で分かるように深い渓谷と、光り輝く緑と、暗色の橋が織りなす風景に何故か筆者は以前から魅かれる思いがあった。さて、ここはどこでしょう？

この橋は渡れない。橋の正面

で行き止まりなのだ。いつの時代にできたかは分からないが、古い時代の橋としては頑強で立派である。想像するに、丹沢一帯が林業で栄えた時代に、切り出した丸太を搬出するのに使われた橋であろう。狭い林道は牛馬の操り方や運転の技能でカバーできるが、深い渓谷は頑丈な橋を架けるしかなかったのだろう。通行できないのは橋の先で斜面が崩落し林道が消えているためだ。

　ここは丹沢山地の真っただ中、中津川の上流である。塩水橋の分かれ道から本谷沢林道に入り、ほどなく行くと右手に「瀬戸橋」が見えてくる。本谷沢林道から分かれ対岸に渡る塩水沢林道の新橋である。写真の橋はこの新橋から眺めたもので、50m程上流の「旧瀬戸橋」である。マニアの方はカメラを持って訪ねてみてはいかがでしょうか。林道はカーブ多し、携帯電話は圏外。

59 不安定な大気

　気象予報士が、「大気が不安定」なので「ところにより雷雨や突風、雹（ひょう）があるかもしれません」と言った予報をすることがある。大気が不安定とはどういう状態なのだろうか。「上空に寒気が入り、」「南からは暖かく湿った空気が入り込む」と、その理由が述べられる場合もありますが、寒気や湿った空気が起こす現象についてまでは解説されません。

　写真では、晴れているがモコモコとした発達中の雲があちこちにあり、大気が上下に入り乱れている状態にある。温まった空気は膨張していて密度が小さく軽い。また、寒気は収縮しているため密度が大きく重い。上空の重たい空気と下層の軽い空気が接すると、空気が上下に入れ替わろうとする。その結果、暖気が上昇していくと上空は温度が低いため暖気に含まれていた水蒸気は凝結して雲ができる。湿った空気ほど潜熱（せんねつ　水蒸気が水になるとき発生する熱）

によって上昇力がつき積乱雲など雨雲を発達させやすい。一方、雲の切れ間では寒気が下降していて下層の暖気と入れ替わっている。こうした状態を「大気が不安定」と言う。どこで上昇、下降するかは特定できないので「ところによって」となる。不安定な空模様では雷雨や突風など荒れた

天気になりやすい。寒気は季節を問わずシベリアから、暖気は暖かい南の海上から、日本の天気に影響を及ぼしているのだ。

60 雄大積雲から積乱雲へ

綿をちぎったような形の雲を「積雲」と言い、これが大きくなったものを「雄大積雲」と言う。さらに発達し対流圏の最上部まで届いて雲の頭がかなとこ状に広がったものを「積乱雲」と呼ぶ。積乱雲は雷を伴って大雨を降らせ、時にはヒョウや突風、竜巻をもたらすことがある。

積雲は晴れた日によく見られる。しばらくの時間眺めていると雲の成長や消滅が繰り返され形が変化する様子が観察できる。雲底は暗い色をしているが雲の頭は真っ白でモクモクしていることから、雲は上に向かって厚みを増していることが分かる。

最上部が湧き上がるように発達するのは、地表付近の湿った暖かい空気が中心付近を吹き上がり上空で冷やされて雲粒となり、この時の凝結熱によって上昇気流を勢いづかせるからである。湿った暖かな空気の供給が続くとさらに発達を続けて雄大積雲から積乱雲へと成長する。

一つの積乱雲の範囲は数 Km だが、高さは 10Km 以上になる。また、寿命は 30 分から 1 時間程度と言われているが、次々と新しい積乱雲を誕生させながら移動していくことが多い。積乱雲は「入道雲」、「雷雲」とも呼ばれる。

61 海を渡る蝶アサギマダラ （浅葱斑）

色の鮮やかな大きな蝶で、あまり羽ばたかずふわふわと滑空するように飛んでいたらアサギマダラだ。人を恐れない蝶で、吸蜜中にカメラで近づいて撮影することもできるほどである。夏から秋にかけてはヒヨドリバナやアザミなどに集まってくる。時には大群に遭遇することがある。国蝶選定（日本昆虫学会 昭和32年）の候補にも挙がったこともある身近で出会うことが多い蝶である。

幼虫の食草となるガガイモ科植物はどれも毒性のアルカロイドを含む。アサギマダラはこれらのアルカロイドを取りこむことで自らの身体を毒化し、敵か

ら身を守っている。また、幼虫・蛹・成虫とどれも鮮やかな体色をしているのも毒を持っているぞと敵に知らせる警戒色と考えられている。

　捕獲したアサギマダラの翅の部分に捕獲場所・年月日・連絡先などを記入して再び放つマーキング調査によって、夏には日本列島を縦断北上し

ている個体が発見され、秋にはその逆のコースで本州から南西諸島・台湾へ渡る個体が発見されている。直線距離で 2,500 km 以上移動するものや 1 日あたり 200 km 以上移動するものもあるとのこと。蝶がどうして？と驚きのひと言である。

62 夜に花咲くカラスウリ（烏瓜）

　カラスウリは、日が暮れて周囲が夜の闇に包まれる時を待っていたかのように咲き始める。丸いつぼみの先が割れ、折りたたまれていた花びらが、見ている間に開いていく様子は感動的である。

　多くの植物は色の付いた花を昼間に咲かせるのに対して、夜に花を開く植物はあまり多くはない。カラスウリの花は花びらの先端が無数の細いひも状になっていて、純白のレースのフリルのようである。暗い夜間では色の付いた花より目立つ。受粉のため夜行性のガを引き寄せるためであると考えられる。花は翌朝の日の出前には萎んでしまう。観察は夜のはじめ頃がお勧めだ。

　熟す前の実は緑色をしてスイカのような模様がある。また、秋から冬にかけては朱色に熟した実があちこちで見られ、この時期の風物詩となっている。

　筆者の小学生のときの思い出に、秋の運動会当日、学校に行く前にカラスウリの実を割って汁を足に塗った。スーとした感触があり足が軽くなったような気分があった。徒競争は得意だったが効果があったかは覚えていない。ウリ科のつる性多年草、雌雄異株。

63 真夏の河原に咲くカワラハハコ（河原母子）

　河原と言えば増水時に大水に洗らわれる河川敷のことで、砂礫が広がった地面は夏は灼熱、冬は極寒になる厳しい場所でもある。普通の植物には耐えられず、ここに生育できる種類の植物は限られている。その一つに真夏の河原に咲くカワラハハコがある。

　上流部に人口ダムができている相模川や中津川では、大雨時でもかつてのような増水に見舞われなくなり、砂礫面を若返らせる作用がほとんど無くなっている。その結果、土地の富栄養化が進み普通の植物が定着するようになった。近年では繁殖力の旺盛な外来種を中心とした植生に覆われるようになり、背の高い植物やつる植物などでジャングル化し、人の通り抜けもできない場所もある。

　現在、カワラハハコはわずかに残る砂礫地に何とか姿を見ることができるが、個体数は少なく絶滅の恐れがある。なお、同じ運命にある植物としてカワラノギク、カワラニガナ、カワラナデシコ、カワラサイコなど、「カワラ」を冠する名前の植物は何れも絶滅危惧種に挙げられている。キク科の多年草で、同じ仲間に庭先に生育するハハコグサ、山地に適応したヤマハハコ、高山のウスユキソウなどがある。

64 ジカキムシのメッセージ

　何て書いてあるか人には読めない筆記体文字。文の中身は自然からのメッセージであろうが、いったい誰が何の目的で書いたものか、様々な種類の葉っぱで見ることができる。

　どのようにして書かれたものか細かく観察してみると、この文字の正体が推察できる。

　一般的には「字書き虫」とか「絵描き虫」と言われているが、ハモグリバ

エやハモグリガの仲間の小さな幼虫が葉っぱの内部を食べ進み、その食べた跡が葉の表面に浮き出た模様である。

よく見ると小さな出発点があって、ここに卵が産みつけられ、葉の組織を喰い進むにつれて幼虫が成長して食べ跡の幅が広がっていくのが分かる。また、葉を透かして見ると終点にはさなぎの姿があるときがある。ジカキムシはやがて羽化すると葉の組織から抜け出し飛んでいく。

写真はフタリシズカと言う植物に残されたジカキムシの食痕だが、バラや柑橘類、エンドウ、キュウリ、トマトなどの身近な植物の葉に寄生する種類もあり、農家にとっては駆除の難しい害虫として嫌われている。

ジカキムシは、環境の変化や外敵から身を守ることのでき、食ものが保障された「字書き虫」という生き方を身に付けてきたものである。

65 花期の長いムクゲ（木槿）

愛川・清川ではムクゲはハチスと言った方が通りがいい。地域に密着した植物である。背丈は高くならず、病害虫にも強く、挿し木で簡単に増やすことができるため、庭木として植えられるほか、田畑の境界の目印としても植えられていた。刈り込んでもすぐに新枝を伸ばすため株の高さは人の背丈ほどで長年維持できることや、こさ（日陰）になって畑の作物の生育に影響を与えることがないためだ。

筆者は子供の時、近所の畑の境界に杭として幹の上下を逆にして打ち込んだムクゲがそのまま挿し木として生きてしまい、上下の太さが逆のムクゲを見たことがある。今思えば、ムクゲならではの逞しい生命力と言えよう。

赤紫色を基調とした径 10cm 程の花をつける。花芽はその年の春から伸びた枝に次々と形成されるため、一個の花は数日で落下するが、次々と咲き、夏から秋にかけて花を楽しむことができる。

中国原産のアオイ科の落葉低木。観賞用や和紙の原料として古い時代に移入されたものと言われている。花木用には花は白や紫色など、大きさも大小あり、八重咲の品種もある。

66 飛行機雲

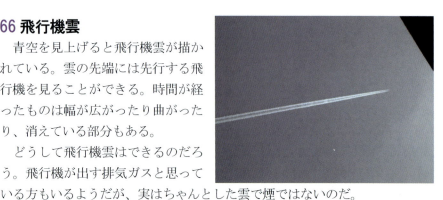

　青空を見上げると飛行機雲が描かれている。雲の先端には先行する飛行機を見ることができる。時間が経ったものは幅が広がったり曲がったり、消えている部分もある。

　どうして飛行機雲はできるのだろう。飛行機が出す排気ガスと思っている方もいるようだが、実はちゃんとした雲で煙ではないのだ。

　空は高さを増すごとに気温は下がり、飛行機の飛ぶ高度1万メートルでは外は夏でも－40℃以下の世界である。そこにエンジンから排気ガス（水蒸気と二酸化炭素）が排出されると、水蒸気は急に冷え、細かな氷の粒となったものが飛行機雲である。と、もっともな説明のようだが、飛行機が飛んでいても飛行機雲ができない場合の方が多いことの説明がつかない。

　湿った空気が上空に運ばれそこで冷やされると雲ができるはずだが、雲の粒の芯になる物質（氷晶核）がないため過飽和の状態になっている場合がある。そこに排気ガスがばらまかれるとこれが芯となって瞬時に細かな氷の粒（すなわち雲）ができる。と言うわけで、飛行機雲は空気中の水蒸気がもとになっているのである。上空を見上げながら大気の状態に思いを馳せてみてはいかがでしょうか。

67 夕焼けの情景

　「夕焼けの翌日は晴れ」ということわざがある。太陽が西の空に沈んでも太陽からの光が夕日として届いて来ていることは西の彼方は晴れている。天気は西から移り変わって来るので、明日も晴れると見込めるわけだ。

　夕焼けは季節を問わず見られる。昼間は青い空なのに夕方になると赤一色の空に染まるのは劇的だ。空だけではなく山々や町並みを赤く染めあげて例えようがない美しいものだ。夕焼けの情景は、昔から人の思いや心情に

重ね合わせ様々な形で表現されてきている。筆者は夕日を眺めていると子どものころへの郷愁が湧いてくることがあり、ほのぼのとした気分になることがある。「♪夕焼け小焼け」や「♪赤とんぼ」の詩の印象があるからだろうか。

太陽の光は色々な色を含んでいて、例えば、「虹」は光の色の屈折率の違いから色々な色に分けられたもので、赤い光が一番外側に配列されているは屈折率が小さい(曲りにくい)ためである。夕焼けも同じ原理で、太陽が低い角度で射す夕方は、青などの光は大気を通過する時に手前で曲がってしまい、山を越えて届いて来るのは赤い光だけになるからである。

西に山や家並みがあると夕焼けが見えにくいことがある。夕焼けを見に家族で出かけるのも一興かも。ひとり一人の見方がちがう夕焼けがあるのでは…。

68 転がる水滴 (里芋の葉)

水滴が球状なのは表面張力がはたらいているからだ。雨のしずく、朝露、汗などの水滴は見慣れたものである。多くの場合水滴は物に触れると形が失われ物を濡らしていくが、葉の表面で水滴が転がる植物がある。身近ではサトイモがそうである。水滴の載った葉を動かしてみると葉を濡らすことなく水滴が滑らかに動き実におもしろい。

この秘密は葉の表面の構造にある。顕微鏡で見ると非常に細かい球状の細胞がびっしりと表面を覆っている。光沢がなくつや消しのような表面はそのためである。表面に凸凹があると、水滴はピンポイントで接触することになる。隙間に空気の層が残るので水滴の形は崩れない。すなわち凸凹している表面の方がツルツルの表面より濡れ難いと言うことだ。ご飯のこびりつかないシャモジやテフロン加工のフライパン、炊飯器の内面がザラザラしているのも同じ原理である。

サトイモの原産地は東南アジアで、湿潤地に生えるため水に対して撥水性を発達させて来たのである。水滴は葉の先端から出る水や朝露や雨粒であったりする。葉からこぼれる時にはサトイモの株の近くに落ちるように葉を広げている。土が乾燥した時には水分を補給する役目もあるようだ。

69 スマートなアオスジアゲハ（青条揚羽）

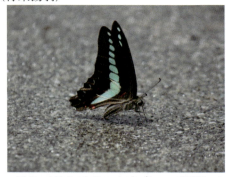

　黒地に水色の模様が入ったスマートなチョウ。暑い日の日中に出会うアオスジアゲハは、翅の鮮やかなマリンブルーに魅かれて涼しげな感じがする。飛び方は敏捷で、樹木や花のまわりを躍動的に飛び回っている。幼虫時の食草（葉）はクスノキやタブノキ、シロダモなどで、こうした常緑樹の林や、市街地の神社や公園の大木の周りで見かけることも多い。産卵に来ているのであろう。

　花にとまり吸蜜しているときは体や翅を小刻みに震わしてバランスを取っているが、湿地での給水時は静止してじっくり味わっているように見え、シャッターチャンスである。カラスアゲハやモンキアゲハなどアゲハチョウ類の多くは静止時には翅（はね）を開いているが、本種は通常は翅を閉じて止まることが多い。

　筆者は子どものころ、セミやトンボ、カブトムシなどは追いかけていたが、アオスジアゲハを捕まえた記憶はない。子どもが普通に追いかけて捕まるチョウではない。人の気配に敏感で逃げられていたのであろう。

　成虫の出現期は5～10月くらい。年3回位は発生するようだ。幼虫やさなぎは、葉と同色で保護色となっているので見つけるのは難しいかも。

70 有害雑草オオオナモミ（大葈耳）

　オオオナモミの果実には、先がかぎ状に曲がった多数の棘（とげ）と、果実の先端付近にやや大きなくちばし状の棘2つがある。これらの棘によって動物の毛や人の衣服にひっつくため、マジックテープと同じ原理ですぐには落ちない。動物を利用して果実ごと種子を遠くに運ぶための有効な手段となっているのだ。また、子どもたちが野外でこの果実を投げ合っ

てお互いの衣服にくっつけあう遊びも、種子の散布に一役駆っていることになる。

　北アメリカ原産で、その旺盛な繁殖力によって在来の植物の生育を妨げたり、牧草地や農耕地へ侵入して有害雑草となったりと農家には歓迎されていない。外来生物法によって生態系被害防止生物に指定されている。また、日本生態学会によって日本の侵略的外来種ワースト100にも選定されている。

　キク科では珍しい雌雄異花で、風媒花でもある。同じ仲間のオナモミは古くから日本にある在来種で、こちらは生育環境の変化などから著しく減少し、めったには出会えない絶滅危惧種になっている。

71 カジカガエルの美声 (河鹿蛙)

　フィフィフィフィフィフィ、フィーフィー。カタ仮名に置き換えるとこんな表現になるかも。ヒグラシのリズムにも似ている。聞こえてくるのは谷川の清流からだ。渓流に生息する美しい鳴き声の主はシカの鳴声に似ていることから河鹿蛙という名前がつけられている。

　美声を発するのは小柄な雄の方で、水中から突き出た石の上を縄張りにし、かん高く鳴いて雌にアピールしている。雄は5cm程で雌よりも小さい。雄は雌に背負われて移動したり、石の下のすきまで産卵する時に、雄が小さい方が都合が良いためとの説がある。卵から孵化したオタマジャクシは、川岸の流れが緩やかな場所で成体になるまで過ごしている。

　筆者は子どものころ、中津川にアユ釣りに行ったが、「かばり」と言う漁法は夕方暗くなり際が最も良く釣れるため、この時間に合わせて瀬に糸を流していると、あちこちの石の上で、カジカガエルが鳴いていた。鳴声は夜の方が盛んで、「子どもの夜道は怖いぞ、早く帰れ」と急かされているような気分になったことを覚えている。

　美声のことは知っていても姿を見た人は少ないのではないか。愛川・清川の上流部の渓流に生息している。もちろん昼間でも鳴いている。山間の渓谷を訪れてみてはいかがでしょう。

72 人の生活とクズ（葛）

　くず湯、くずきり、くず餅、いずれもクズの根から精製したデンプン（くず粉）をもとにしたものである。料理のとろみ付け、風邪引きや胃腸不良の時の栄養補給にも用いられてきている。葛根湯（かっこんとう）と呼ばれる生薬はこの根を乾燥したものである。また、蔓で生活用品を編んだり、栄養価の高い飼料として牛馬やヤギに与えるなど、クズは昔から様々に利用されてきている。筆者は子供のころ、山仕事の手伝いで、「くずふじ」と呼ばれるこの蔓でマキやソダ（燃料用木の枝）の束を縛った。フジより柔軟性があり稲縄より丈夫で重宝なものだったことを覚えている。

　クズの繁殖力は旺盛で伐採跡地や放棄畑、道路端などに繁茂し、痩せ地にも生育できる。1日で1m程も伸びることもあり、低木林などを覆い尽くしている光景は珍しくはない。肥大した根をイノシシが掘り起こした跡に出合うこともある。スギ、ヒノキの植林地では夏の下草刈りとともに、冬場の作業として若木に巻き付いている「つる切り」は欠かせない山仕事の一つだった。

　花は心地よい甘い香りを放ち、離れたところからでも気づくほどだ。秋の七草の一つ。マメ科の蔓植物。

73 人と関わり深いススキ（薄）

　ススキはどこにでも生え、株立ちする高茎なイネ科植物である。葉の縁にある鋸歯（きょし）と呼ぶのこぎり状の小さな突起はガラス質でできていて刃物のように鋭くなっている。ススキ原を通り抜けた際に切り傷を負ったことのある方もいるのでは。

　昔、集落ごとに共同で管理していた入会地（いりあいち）で茅葺き屋根の材料や有機肥料などに使うためのススキの生産を行っていた時代がある。居住地や耕作地から遠

く離れている場合もあって、現在でも地図上に飛び地としてその名残をとどめる場所もある。

愛川・清川ではご近所どうしの挨拶に季節の移ろいを言葉にして交わす習慣があり、初秋の挨拶には、ススキの穂が出たとか、今年の十五夜さまはいつだろうと、ススキから季節を体感している人も多い。

秋の七草の一つで和歌では「尾花」と詠まれている。茅葺き屋根に使う場合は「茅」と呼んでいる。清川の「青龍祭」の巨大な龍にも「茅」が使われている。

よく似た仲間にオギ(荻)がある。ススキと区別せずに十五夜にオギを飾っていたと話していた人がいたが、一目で見分けるには株立ちしないのがオギ、種子の付根から出ている白毛に混じって1本だけ長い芒(のぎ)があればススキ。

74 落葉に擬態アカエグリバ (赤抉翅)

アカエグリバ。あまり馴染みがないかもしれないが、それもそのはず、姿をくらます達人？で、天敵の鳥や獣をやり過ごすだけではなく、人の目をあざむくのも朝飯前なのである。色合いは言うまでもなく姿かたちが枯葉に擬態していて、太い葉脈や細い葉脈があり、背中部分が凸凹しているのは枯葉が千切れた様子を表現している。地面に降りるときには落葉に紛れやすい場所を選び、しかもからだを横に傾けて落葉になりきっている。

よく見ると橙色の顔に大きい円らな瞳があって、おでこにあたる部分には鉢巻のような帯状の模様があり優しい顔立ちである。翅のフチが枯葉の虫食い痕のようにえぐれているのでエグリ(抉)バ(翅)となったようだ。

生きものは天敵から我が身を守るため、走ったり飛んだり隠れたり、嫌なにおいを発したり、毒を持ったハチに似るなど、様々な手段を身に付けている。

が、いつも逃れられるわけではなく、敵も巧みな知恵で対抗している。生きものたちの命を掛けた戦いが、人の暮らす周辺でも行われているのだ。厳しい生存競争の一場面を垣間見る思いである。

蛾の仲間でヤガ科エグリバ亜科に属する。幼虫はアオツヅラフジの葉

を食べる。

75 生態系被害防止外来生物アメリカザリガニ（亜米利加砂利蟹）

　外来種問題の啓発イベントなどで耳にすることだが、「昔は大きなニホンザリガニが沢山いた」「昔ほどザリガニは見かけなくなった」と言った大人たちの声に、次のような話をして理解をいただいている。

　①皆さんが昔遊んだのはアメリカザリガニで、アメリカを省略してザリガニと言っていただけですよ。現在の市街地の河川は3面コンクリートなのでザリガニも住みにくく、減少したように見えるが、谷戸のため池や河川の上流部まで生息地は広がっています。②ニホンザリガニは普通では見られません。生息地は北海道と東北の山間の源流部だけで、そうした土地も開発や外来種などの影響を受けて個体数は減少しているとのことです。

　③アメリカザリガニは雑食性で、水生昆虫、魚、カエル、貝などを捕食するほか池の中の植物も食い尽くしてしまうほどです。

　アメリカザリガニは、侵入した日本には決定的な天敵がいない上に、1度に500個ほどの卵を産み、幼生期はおなかに抱えて保護するため成体になる確率は高い。池や水湿地の生態系に壊滅的とも言える影響を及ぼしている場所もある。♪小ぶな釣りしかの川…♪は昔のことになりつつある。外来生物法で「生態系被害防止外来生物」に指定され、また、日本の侵略的外来生物ワースト100の一つにもなっている。

76 草姿のかわいいセンブリ（千振）

　センブリは昔から健胃剤で有名な薬草で、ゲンノショウコ、ドクダミと共に日本の三大民間薬に数えられている。薬効成分を抽出するのに千回振り出しても苦みがなくならないことから「千振」という名前となった。

　日当たりのよい山地の草地や林道の法面などに生える小型の草本で、山道を歩いると突然現れることがあり、足元に咲く可憐な花にしゃがみこんで魅入る

ことがある。群生するが毎年同じ場所に生えるとは限らず、出会えることはラッキーなのだ。

紫色を帯びた茎と、濃い緑色の細い葉と、淡いピンクがかった蕾と、かすかな縦じま模様の白色の花弁とが、清楚な気品を漂わせている。蜜腺は5つに分かれている花弁の根もとにあり、小さなアリが吸蜜に訪れていることがある。センブリ属の特徴で、同じ仲間のアケボノソウの蜜腺は花弁の先端に近いところにある。

草地の消失、森林開発、環境の遷移、園芸目的や薬草としての採集などにより減少傾向にあることから、都道府県によっては絶滅危惧種に指定している。またいくつかの国立公園でも採集禁止の指定植物となっている。リンドウ科の越年草。

77 あざやかな色調タマゴタケ（卵茸）

キノコはどれも独創的な色や形をしているが、その中でもタマゴタケのオリジナリティはトップクラスだろう。まっ白な卵型のつぼの頭が割れると真っ赤な傘の頭が現われ、やがて立ち上がると、傘は細かい筋入りの赤色、つばは橙色、軸は黄色に橙模様のキノコになる。大きいものは傘の直径が15cm程になる。名前の由来は卵型のツボにある。

鮮やかな色調を有することから有毒キノコと見られがちであるが、無毒であるばかりでなく、味の良いキノコの筆頭に挙げる人もいて、食用キノコとして採取する愛好家も少なくない。他のキノコ類は毒キノコとしての不安があるが

タマゴタケだけは採って食べると言う友人もいる。

レシピとして炒め物、炒めまぜごはん、汁の具、バター焼きなどが紹介されているが、筆者は簡単で良いだしが出る汁ものが好きだ。具にしても歯切れや舌触も良い。ただしこの鮮やかな色は火を通すとなくなって

しまうのが残念である。

コナラ林などの林床に発生するが、本種と似ている有毒キノコもあるので、採取の際には十分な知識と注意が必要である。

78 有毒植物ヤマトリカブト（山鳥兜）

猛毒な植物として有名なトリカブト。名前は多くの方が耳にしていると思われるが、実物を見たことのない人もいるのでは。ヤマトリカブトは愛川・清川では山地や山麓に普通に生えている。名前は平安時代の儀式でかぶる兜に似た独特の形から名付けられた。花の形とともに青紫色の花は魅力的である。園芸用に品種改良され切り花としても販売されている。

トリカブトは、「ドクウツギ」「ドクゼリ」と並ぶ、日本三大有毒植物に数えられている。特に春の若芽は、山菜のニリンソウやヨモギ、モミジガサ、薬草のゲンノショウコなどに似ているため誤食によって事故になるケースがあり、厚生労働省もホームページなどで注意を呼び掛けている。毒は花や葉、根など植物全体に含まれていて、皮膚や粘膜からも吸収されるそうだ。口から摂取すると数十秒で中毒症状があらわれ、嘔吐や呼吸困難、臓器不全などから死に至るケースもある。山菜ならではの味わいや香りに魅せられ山に入る人も多いが、植物の見分け方を十分心得た人や専門家と一緒に行くことをお奨めしたい。

秋の開花期には背丈は大きいものは1mを超え、切れ込みのある掌状の葉を付け、上部の枝先に横向きの花を付ける。キンポウゲ科の多年草。似た仲間にツクバトリカブトがある。

79 兵隊グモはナガコガネグモ（長黄金蜘蛛）

「兵隊グモ」のいわれは、足や腹部の黄色い縞模様が兵士の正帽や勲章のイメージから来ているようだが、クモの網に付けられた白い模様がアルファベットを描いているようで、筆者は子どものころ、アルファベットと言えば進駐軍に結びつけて「アメリカ兵のクモ」と認識していた。

小学生のころ、夏は日課のようにセミ取りをしていた。竹竿の先に細いシノ

竹かウメの木の新梢を円の形に差し込み、これにクモの巣をいくつも重ねて巻き付け、粘る網でセミを張り付けてとるものだった。セミは面白いようにとれた。捕虫網などは手に入るすべもない時代だった。クモの巣は豚小屋の天井に張られているオニグモを使ったが、次の巣がまとまるのに2・3日かかるため、植え込みなどで粘り気の強い兵隊クモの巣を見つけるとうれしかったことを覚えている。

　網を張っているのは雌で、巣の中央に頭は下向きで長い脚を2本1組にしてX字形に止まっている。オスは小さく雌の半分にも満たない。交尾のために雄が近づくが、タイミングが悪いと獲物として雌に捕まってしまうそうだ。夏から秋に植え込みなどで多く見られる。

80 猫のように素早いハンミョウ（斑猫）

　頭部は金属光沢のある緑色、はねはビロード状の黒紫色に白い斑点があり、胸部とはねの中央部に赤い横帯が入る。からだの下面も青緑色で光沢がある。ハンミョウはタマムシと並んで日本に生息する美しい甲虫の代表選手である。

　成虫は春から秋まで見られ、山道や川原などの日当たりのよい土の地面にいる。人が近づくと飛び上がって逃げるが、1〜2m先にすぐに着地し、後ろを振り返る。人の歩いている前方でこの動作を繰り返すことから、ハンミョウが道案内をしているようである。別名「ミチオシエ」とも呼ばれている。

　ハンミョウ（斑猫）という和名は、大きな鋭いあごで獲物に襲いかかる様子が猫のように素早いことに由来している。筆者は一度大あごで噛まれたことがあるが、思わず手を振り払うほど痛い思いをした。

　幼虫も驚く能力を持っている。地面に縦穴を掘って潜んでいて、近く

を通る獲物を狙い、穴から出て捕らえて穴に戻るまでの動作がコンマ何秒と言う一瞬で、人の目では追い切れないくらいの早業である。

近年は舗装された地面が多く、ハンミョウの姿を見かけることが少なく残念である。

81 雌は一生蓑の中ミノムシ（蓑虫）

古典の授業に出てきた「枕草子」の一節を断片的に覚えていたが、あらためて読み直してみると、「蓑虫、いとあはれなり…。秋風吹かむをりぞ来むとする。待てよ、と言ひ置きて逃げて去にけるも知らず…風の音を聞き知りて…ちちよちちよとはかなげに鳴く、いみじうあはれなり」。現代語訳は、ミノムシを子どもに例え、秋風が吹くころには迎えに来ると言って捨て去った父を呼ぶ声が聞こえるのはさびしい、といった内容である。ミノムシには発声器官は無く、鳴くことはないが作者の清少納言の感性では秋になると「父よ、父よ」と聞こえてくると言うのだ。ミノムシは俳句の季語でも秋となっている。が、生育段階の大半の期間を蓑の中で過ごすため、蓑は1年中見られる。蓑から前足を出し枝を渡り歩いて餌となる葉を食べていたものが、秋になると蓑を枝に固定し越冬をする。ミノムシの雄は蓑から出て羽化すると、餌を取ることもなく雌を探して飛び回り、交尾後に一生を終える。蛾になるのは雄だけで雌は蓑の中で一生を過ごし、交尾後、蓑の中で産卵し幼虫が孵化する頃には一生を終わる。写真はオオミノガ。巣材はヒメシャラの小枝。

82 ヒダリマキマイマイ（左巻蝸牛）

カタツムリには、右巻きと左巻きの種類があるのはご存知でしょうか。愛川・清川では右巻きの種類が多く雨上がりによく見かけるミスジマイマイという種類が代表的である。左巻きには林や草原などに生息するヒダリマキマイマイという種類がいる。

巻き方の向きは、貝殻の入り口が正面に見えるように置き、貝殻の中心より右側に入り口があれば「右巻き」、左側にあれば「左巻き」の種類となる。ま

た、上から見て時計回りの渦が右巻き、反時計回りが左巻きと見分けてもいい。カタツムリを見つけたら観察してみてください。今まで気付かなかったカタツムリに出会えるかもしれません。

　カタツムリの貝殻の表面にはキチン質でできた殻皮と呼ばれる薄膜があり、石灰質で出来た殻の表面を覆っている。殻皮は殻本体を保護するのが役目であるが、汚れが付き難くする役目、色によって殻を背景にとけ込ませる保護色の役目等があると言われている。汚れが付いたカタツムリを見かけないのはこのためだ。

　ヒダリマキマイマイは殻の径が４㎝位のものがある。色は暗褐色で渦に沿って一筋の線模様がある。樹木の樹皮に付いている藻類やキノコ等を食べているようだ。

83 体色を変えるアマガエル（雨蛙）

　アマガエルとアオガエルは名前が似ているだけではなく大きさも色合いも似ていることから同じものと思っている人がいる。正式な名称はニホンアマガエル、シュレーゲルアオガエルで、どちらも昔から身近に生息するカエルである。

　カエルは水辺に住むものと思われがちだが、ニホンアマガエルは水に近い森や植え込みを生活場所としている。足裏には吸盤があり樹上生活に適応している。春には産卵のため水辺に集まる。肉食性で小さな昆虫などの動いているものに反応して捕食する。

　面白いのは、周囲の環境に応じて体色を変え、周囲が暗色の場所では灰褐色にまだら模様が現れ、見た目は別種かと思われるようになる。また、人を恐れず、捕まえると手のひらに留まったり、歩いて人の腕をよじ登ったりする。こうした仕草がうけ

て観察会では子ども達に人気がある。鼻筋から目、耳にかけて褐色の帯の通る可愛いカエルである。

シュレーゲルアマガエルが「コロコロ」と鳴くのに対してニホンアマガエルは「ゲッゲッゲッゲッ…」あるいは「クワックワックワッ…」と鳴く。カエルの鳴き声が聞こえたら聞き分けてみて欲しい。

84 紅葉あざやかなモミジ (紅葉)

「紅葉（コウヨウ）」は文字どおり木の葉が紅くなることの意味だが、もっと広い意味で、秋に野山が紅だけではなく、黄、茶色に変わることの意味で使う場合がある。また、「コウヨウ」と言うと「黄葉」もコウヨウだ。イチョウなどはこれにあたる。さらに、モミジは漢字で「紅葉」とも書く。鮮やかな紅色になるからだ。何やらややっこしいが、愛川・清川に住む人たちは、日ごろから野山の自然を愛で、季節を実感する生活を通してこうした違いを使い分ける豊かな感性をもっている。

紅葉の代名詞となっているモミジは、カエデ科のイロハモミジ、オオモミジなど切れ込みが5つ以上ある掌状をした葉を持ち、ひときわ紅色の目立つ狭い意味の紅葉をする仲間を総称している。同じカエデ科のモミジ以外の、葉がカエルの手の形をしたイタヤカエデ、エンコウカエデ、ウリカエデなどはカエデと総称される場合がある。

紅葉には主に2つのタイプがあるとのこと。葉が赤くなるのは葉の中のクロロフィル（葉緑素）が分解してアントシアン（赤色の素）が生成されることでおこる。葉が黄色くなるのはクロロフィルが分解して緑色が消えるが、葉の中にもともと含まれたカロチノイド（黄色の素）が分解されることなく葉に残ることでおこると言われている。

85 河原に適応カワラノギク (河原の菊)

カワラノギクは、相模川、多摩川水系を中心に関東地方の河川だけに生育する。昭和50年代には中津川の中流域にも群生していたが、近年、河川環境の

変化によって生存が脅かされ絶滅の危機に瀕している。そのため流域各地では様々な団体によって保護活動が行われている。

　生育地は玉石や砂礫の広がる河原で、真夏の焼けつくような日照や高温にめげず、厳冬期の寒風や乾燥にも耐えぬく植物である。台風などの増水によって河川敷が洗われ砂礫がリフレッシュされると新たに生育を始める。河原を好むというより他の植物が生育できない過酷な場所を生活の場にすることによって競合が避けられることから、河原という環境に適応するようになった植物と言える。

　カワラノギクは芽ばえた年の秋には開花せずに越年し、成熟した株だけが二年または三年目の秋に開花する。花は野菊類の中では大きく4cm程になる。薄い桃色から水色、白色、葉も細身のものから幅のあるもの等、形質はさまざまである。多様な遺伝子が発現することによって、環境の変化による危機を乗り越え、種（しゅ　種類としての命）を絶やすことなく次の世代につなぐためなのであろう。キク科の越年草。

86 キューイの味サルナシ（猿梨）

　サルナシの果実は3cm程の大きさで小鳥には呑み込むことができない。蔓の枝先に垂れ下がるように生っているので、腕や足を伸ばして手繰り寄せることができるサルやツキノワグマ向きの果実のようだ。和名は果実が梨の形に似ていてサルが好んで食べることから名付けられた。

　ナイフで切ると断面はキューイフルーツとそっくりである。筆者も食べてみたが完熟したサルナシは甘酸っぱさと芳香の効いた濃厚な味で、キューイフルーツ以上に思えた。生食する他、ジャムや果実酒などにして野趣な秋の味を楽しんでいる人もいる。なお、キューイフルーツはシナサルナシから品種改良によって可食部分

を人好みに大きくしたもので、日本にも移入され栽培されるようになったものである。

よく似た仲間にマタタビがあるが、サルナシは果実に丸みがあること、葉柄が赤いことなどの違いで区別できる。年によって作柄には波があり、1本の木においては豊作の次の年は不作となるのが通例である。マタタビ科の雌雄異株のつる性樹木で、山地の開けた空間に周辺の木々に絡まるように生えている。

87 雲の種類 （絹雲）

近年は気象レーダーから得られたデータを雨雲の動きとして予報することはあるが、天気予報で雲の種類について触れることは少ない。大雨が予想されるときに「発達した積乱雲」や、大雪が予想されるとき「日本海の筋状の雲」などは耳にするが、気象現象として毎日出現している雲の種類については予報されない。

雲には、大気の層を縦方向に発達する雲と横方向に発達する雲とがある。前者には絹積雲、高積雲、積雲など「積」の字がついている。後者には絹層雲、高層雲、層雲など「層」の字がついている。さらに、「絹」の字が初めにくる雲は大気の最も高い位置に、それより下に位置すると「高」、地表近くの雲には「乱」の文字が付くものもある。国際的取り決めでは種類は10種類に決められているが、呼び名には、うろこ雲、ひつじ雲、入道雲、笠雲など様々な名がある。

写真の雲は、高い位置に刷毛ではいたように見えることから「絹雲」で、俗称はすじ雲である。風の強い上空10 km以上の高さにできた雲で、上層の風の流れや大気の状態によって珍しい形になったものである。毎日空を見上げ、様々な雲を眺め楽しむのも良いと思う。

88 歴史を秘めた経石

「昔、弘法大師がこの岩 (南側にある穴) に経文を収めたことから経石と、また経

石のある山だから経ヶ岳と呼ばれるようになったと伝えられています。永禄十二年(1569年)、北条・武田合戦(三増合戦)の際、武田軍に敗れた北条軍の落ち武者が、やっとのことでこの山にたどり着き法論堂(清川村側)を見下ろすと数多くの槍が立てられていました。落ち武者は、武田の軍勢がすでに法論堂まで追いかけてきたかと思い経石付近で力尽き相果てたそうです。ところが落ち武者が見た槍と言うのは収穫を終えたトウモロコシだったと言い、それ以来この地方では、トウモロコシを耕作しなかったと伝えられています」(出典:解説看板 環境庁・神奈川県)

　地形の不安定なやせ尾根に長い歴史を刻んで鎮座する大石は経ヶ岳山頂近くにあり、ここを訪れる人々に自然の驚異を抱かせるようである。弘法大師空海が経文を収めたのは、自然が造った不思議な遺物に畏敬の念を感じたからであろう。

　八菅山修験の聖地を巡る修験道でもあったが、現在は「関東ふれあいの道」としてハイカーで賑わっている。愛川町側のバス停半僧坊前からおよそ1時間、清川村側の法論堂林道の半原越えからは20分の距離にある。

89 雪虫

　季節を告げる生きものは沢山あるが、初冬のころ、曇りがちで寒く風のない日には雪虫(ゆきむし)が飛ぶ。この時期ならではの風物詩だ。

　雪虫という呼び方は主に北国での呼び名で、地方によって様々な呼び名があるそうだ。井上靖の著書に「しろばんば」というタイトルの小説があるが、雪虫のことで、井上靖が育った伊豆地方では「しろばんば」と呼ばれているそうだ。愛川・清川では綿虫(わたむし)と呼ばれることもあるようだが、筆者が子どもの頃は「しいらんばんば」と呼んでいた。

体長5mm前後で、分泌した蝋物質で羽以外全身が白い綿で包まれたようになるため綿のイメージだ。また、ふわふわと飛ぶ白い姿は雪のイメージで雪虫の名に重なる。

雪虫の正体は、ある種のアブラムシで、アブラムシといえば単為生殖で集団をつくって生活しているが、この時期、羽を持つ成虫が生まれ、異性を求めて飛びまわり、交尾して越冬のために産卵する。この時の羽を持つ成虫が雪虫と言う訳なのだ。寿命は1週間ほどだ。小さな虫とやり過ごさず、じっくり観察してみてはいかがか。

90 草モミジ（草紅葉）

クサモミジと言う植物があるわけではない。草の種類は問わず草が紅葉した景色を草モミジと言う。尾瀬ヶ原の秋の風物詩として有名だが、身近な所でも規模は小さいながらも結構見かけることができる。赤や黄色に色づいた土手や草原の輝きは絵や写真、俳句や詩の題材にもなる。

紅葉（こうよう）と言えば鮮やかな色合いに染まるモミジやイチョウ、ナナカマド等の樹木が挙げられる。草でもアッケシソウやコキア（ほうき草）がある。これらを愛でるもみじ狩りも盛んで行楽の一つとなっている。草モミジは冬を迎える前の僅かな時期にだけ見られるもので、自然の移ろいを肌身で感じさせてくれるものだ。

写真は空き地の草むらで見つけたチガヤの群落で、夏には一面の緑だった草むらが気温の低下とともに変化し、初冬の光を通して赤や黄、赤紫色に輝いていた。チガヤは地下茎で増え大きな群落を作くる性質があり、まとまった範囲の草モミジとなることがある。コブナグサ、ヤノネグサ、シバなども明るい色合いの草モミジとして見かけることがある。散策の折に見つけたら足を止めてじっくり観察して欲しい。一句読めるかも。

91 峰の松はアカマツ（赤松）

文字通り樹皮が赤いのでこの名が付いている。葉がやや細く柔らかく、手で

触れてもクロマツほど痛くない。そのためアカマツを「女松」、クロマツを「男松」と呼ぶ人もいる。クロマツが海岸付近に多く生えているのに対して、アカマツは内陸地に多い。明るい場所を好み、乾燥した栄養分の乏しい土地にも耐えることができるため、愛川・清川では山地の尾根筋に多く自生している。風雪に耐え樹齢を重ねたマツの風情は日本的趣きがあり、門かぶりの松や盆栽としても親しまれている。

　山の稜線に生え巨木になったものを「峰の松」とか「一本松」と呼び、尾根方向をゆび指すときの目印としていた。だが、その「峰の松」は昭和30年代から次々と枯死し現代ではほとんど見られなくなってしまった。原因は「松くい虫」説が言われていたが、近年、「マツノザイセンチュウ（松の材線虫）」と言う1mm程の小さな生き物が幹の材に侵入して枯死に至らしめることがようやく分かってきた。

　マツは雌雄異花で、球果（まつぼっくり）は開花の翌年の秋に成熟する。「門松」「松の内」など、正月に関係深い縁起のよい樹木である。

92 飼育禁止のアライグマ （洗熊）

　アライグマは雑食性の外来動物で、近年急速に生息地を広げてきている。両生類、爬虫類、魚類、鳥類（主に卵）、哺乳類（死骸を含む）、昆虫類、甲殻類など、昔から日本に普通にいたほとんどの小型動物を捕食することから、生態系への影響が危惧されている。また、栄養化の高い野菜や果実などもどん欲に食べる他、天井裏への侵入、感染症の媒介の恐れなど、人の生活や家畜にも影響及ぼしている。こうしたことから、日本生態学会によって日本の侵略的外来種ワースト100のひとつに選定されている。外来生物法では特

定外来生物に指定され、飼育・譲渡・輸入は禁止されており、販売や野外に放つこともできない。

　アライグマはその可愛らしい風貌から、かつてはペットとして人気が高かったが、気性の荒いことから成獣になると手に負えなくなり、野外に放った例が多くあったようで、今日のような状況を招いた要因となっている。

　大きさや姿からタヌキやハクビシンと誤認されることが多いが、白色の顔に目と鼻筋周りが黒色系の顔立ちで、長い尾に輪の模様が6つ前後あることで区別できる。基本的に夜行性のため昼間に見かけることは少ない。写真は夜に筆者の自宅の母屋の縁の下から出てきたところをセンサーカメラで撮ったものである。

93 国蝶オオムラサキ（大紫）

　数年前、「オオムラサキが飛ぶと羽音が聞こえる」と友人と話していたら、偶然飛来し、近くにいた人が「確かに聞こえた」と言ったことがあった。オオムラサキは翅（はね）を広げると10cmほどになる大型の蝶で、飛ぶ姿も豪快である。大きいことに加えて姿が綺麗で、また、全国的に生息していることから日本昆虫学会において、日本に生息する格調高い蝶として国蝶に決められた。

　雄は翅の表面が光沢のある青紫色に輝いている。雌は雄よりひと回り大きく翅に青紫色はなくこげ茶色をしていることから雌雄はすぐに見分けられる。クヌギやコナラなどの樹液を餌場に集まることが多い。餌場では、大型のカブトムシやクワガタにも負けずに割り込み、スズメバチを翅で追いやって樹液を吸う勇ましい姿を見ることができる。

　幼虫はエノキの葉を食べて成長する。冬は地面に降りて落ち葉の中で越冬する。春に休眠から覚めると再びエノキに登って葉を食べ、蛹（さなぎ）を経て7〜8月に羽化する。子供たちが夏休みに入って昆虫採集を始める時期と重なり、カブトムシ捕りの少年たちにとっては身近に見かける蝶である。里山の自然環境を測る指標昆虫にもなっている。

94 良好な環境に棲むカヤネズミ （茅鼠）

ネズミと言うと衛生害獣として敬遠されがちだが、カヤネズミは、ドブネズミのように人家に上がりこむことはない。むしろ、生息地の水辺や草地環境が良好で自然度の高い環境にあるか否かを推し量る指標生物とされている。カヤネズミの棲む環境は他の生き物にも棲みやすい環境であって、生物多様性豊かな場所と言えるところだ。

カヤネズミは日本で一番小さいネズミで表情や動作も可愛いい。体の大きさは大人の親指大で、体重は500円硬貨1枚分 (7g) かやや重い程度である。休耕田や河川敷などで暮らしていて、イネ科植物の葉をさいて編んだ巣を作って子育てをしている。写真はチカラシバの株に作られた巣で、葉をそのままさいて袋状に編み上げている。

主食は、小さな草のタネや、バッタなどである。田んぼの稲は巣材には利用しても、実った米を食べることはない。天敵は多く、ヘビ、モズ、イタチ、カラス、ネコなどに常に狙われている。巣が地表から高いところにあることや夜行性であることは天敵対策なのだろうか。水田やススキ原で巣を見つけたら、近くに複数個あることが多い。興味本位で採取せず、そっと見守っていただきたい。

95 大物ねらいのジガバチ （似我蜂）

筆者が子どもの頃の我家は農作業を行うために庭が広くなっていた。夏にはセミの穴やアリの巣穴、狩バチの穴などがあった。地面に穴を掘るジガバチの行動は、子どもながらの好奇心に駆られ、何回も観察してきている。

ジガバチは単独で行動する狩バチの一種で、獲物はアオムシやイモムシなどである。獲物を捕らえると、毒針で毒液を注入する。獲物はたちまち動

かなくなるが、神経を麻痺させるだけで殺すわけではない。時には自分の体重の10倍もありそうなイモムシを相手にすることがある。強力なあごで獲物をくわえ、またがるようにして前足で抱え、後ろの4本足で運ぶ。あらかじめ掘っておいた巣穴に引きずり込み、程なくして穴から出てくると入口を埋めて立ち去ってしまう。獲物は自分の餌とするものではなく、生きたまま貯蔵され、アオムシに産み付けていた卵から孵(かえ)った後のジガバチの幼虫の餌となるものである。

ジガバチは3cm弱の大きさで、ウエストが極端に細くくびれ、腹部にはオレンジ色の帯模様がある。近年、庭はコンクリート化され、身近ではあまり見られなくなってしまった。狩バチの仲間にはクモを専門に狩るベッコウバチなどもいる。

96 秋の味覚ミツバアケビ（三葉木通）

秋の山の味覚と言えばキノコやクリがあるが、採ってその場で味わえる魅力からアケビを一番に挙げる人がいる。濃厚な甘みと独特の香りは正に山の恵みそのものである。

実は長さが10cmくらいで、熟すと果皮が割れて乳白色のゼリー状の果肉が現われる。食べるときはそのまま口に

含み、もぐもぐと甘みを吸うように味わった後、口に残ったたねを勢いよく吹き出すのが野外での食べ方の流儀だ。ミツバアケビは熟すと淡紫色に色づき、やがて口を開ける。ムカデやハチなども心得ていて、熟度が進んだものは人の口には適わない。

筆者は子どもの時、近所の仲間たちと連れ立って山にアケビ採りに行き、一番大きい実は年長者のものとなるが、採ったもの勝ちではなく、収穫物はおんぶしている赤ん坊も含めて年齢に応じて全員で分けていた。子どものムラ社会のルールの一つだった。

実の割れた様子が人の「あくび」に似ているとか、「開け実」→「あけび」になったという説がある。アケビ科のつる性低木。同じ仲間に小葉が5枚のアケビと、両者の中間のゴヨウアケビがある。

97 風化構造のひとつタマネギ石 （玉葱石）

写真の石を一般にタマネギ石と呼ぶ。岩石の風化過程でひびが入り形成されたもので、このような構造をタマネギ状構造という。ボタン岩とも称されている。

地下深くで数百万年の時を経て固結形成された岩石は、地殻変動で地表近くに現れると圧力から解放され割れ目を形成する。ここにしみ込んだ雨水や地下水が岩石中の鉱物を徐々に溶解して岩石を変質させる。さらに日射や凍結により膨張、収縮、乾燥などの作用を受けて剥離面ができる。こうしたことの繰り返しによって内部まで幾層もの剥離面ができ、中心に向かって同心円状の風化構造が出来上がる。この風化過程も長い時をかけて徐々に進行する現象である。

タマネギ石は東丹沢地域に広く分布し、伊勢原市の日向、厚木市七沢、清川村土山峠、愛川町大沢林道などで見ることができる。これらの地域は粗粒凝灰岩と言う岩石からなる丹沢層群や愛川層群と呼ばれる地層が分布している所である。特に、日向薬師の参道には大きな規模のタマネギ石がたくさん見られる。また、七沢の鐘ヶ嶽の林道の法面も観察の適所である。ダイナミックな大地の変動の一端を、タマネギ石から想像してみて欲しい。

98 藤野木―愛川構造線

丹沢山地は、はるか南の火山島として生まれ、フィリピン海プレートの移動によって5～600万年前に本州に衝突し、さらにその後の伊豆半島の追突により隆起したものと考えられている。経ヶ岳や仏果山の山麓を走る「藤野木-愛川構造線」や、清川村を縦断して走る「牧馬-煤ヶ谷構造線」は、衝突の圧力で生じた逆断層で、伊勢原市から山梨県方面に続いている。構造線とは地質にずれを生じ地震を起こす可能性のある大規模な断層のこととである

が、愛川・清川に走る2つの断層は古い構造であるため一部を除いて活断層とは認定されていないが、規模の大きさから、大昔には何回もの大地震の発生源となったことと思われる。

　写真の露頭は、崖に露出した「藤野木―愛川構造線」の断層面の一部で、愛川層群（経ヶ岳や仏果山を造っている地層＝左側）と相模湖層群（本州側の地層＝右側）と呼ばれる地層が接している断層面である。場所は愛川町の塩川滝の近くで、塩川滝手前の清瀧橋を渡り塩川神社から沢沿いに進み大きな砂防ダムを超え、100mほど沢を登ったところの「燭光の滝」と呼ばれる断崖の東側にある露頭である。地質図を手に大地の成り立ちに思いをはせるのも一興であるが、ヤマビルやマムシの危険のない冬季が適期。転落注意、落石注意、携帯電話は圏外。単独行動はご法度。（参照：愛川町の地質　愛川町郷土博物館展示基礎調査報告書他）

99 雨天時の訪問者サワガニ （沢蟹）

　我家は段丘の上にあるが、大雨が降るとサワガニが玄関先に現れることがある。段丘の中腹にある湧水地を住み処にしていて、竹藪の斜面を登って来るのである。

　サワガニは一生を淡水で生活する唯一のカニであり、日本の固有種である。また、水質を見分ける指標生物として、水質階級Ⅰにランクされる最も良好な水に棲む生物と評価されている。谷川の最上流部や段丘崖の湧水地などの水質がそれである。和名はこうした「沢に棲むカニ」から付けられたものである。

　普段は流水中の石の下や砂礫の中に穴を作って潜んでいて、藻類や水生昆虫を餌としている。サワガニの鋏は左右で大きさが異なり、オスは右の鋏の方が大きいと言われている。メスは2mmほどの卵を数十個産み腹に抱えて保護する。孵化する時には既にカニの姿となっている。稚ガニもしばらくは母ガニの腹部で保護されて過ごす。

　筆者が子どものとき、暮れの大みそか近くになると父に連れられてサワガニ

獲りに行った。急傾斜の沢を下流側から石を動かしたり砂礫を掘ったりしながら上流に向かうとバケツに1/4程は獲れた。唐揚げにされ、正月料理の一品となった。香ばしさとカニ独特の風味は今でも記憶にある。

100 清川の弁天杉

清川村は居住地に比べ山岳地帯が占める割合は圧倒的で、村域は89%が森林となっている。森林は清川村の自然の恵みそのものである。水源の森は言うに呼ばず、木材資源や観光資源として大きな可能性を秘めている。それ故、村内の山岳地帯には自然がもたらす見どころが数多くある。その一つが弁天杉だ。塩水林道を堂平に向かう道半ばのあたりで、塩水川の対岸の尾根筋の斜面に威風堂々とした姿でそびえている。村の資料によると樹齢1000年、胸高周囲7mとうたわれている。

幹の一部に落雷で裂けたと思われるところがあるのが樹勢は旺盛な巨木である。幹にはクマがよじ登ったときについた爪痕のようなひっかき傷がくっきりと残っている。

弁天杉を訪ねるには、塩水林道脇にある小さな案内表示を見落とさないこと。ここから少し下がって塩水川にかかる小さな橋を渡り、支流のわさび沢の堰堤手前で転石を飛び越え対岸に取りついたら10分ほど登ると分かれ道があり、植林地の中を右下に進むと弁天杉が見えてくる。この斜面の下が弁天沢である。また、弁天沢の対岸には箒杉と呼ばれている巨木もあるが、箒杉を目指すのには塩水林道に引き返し、下流側からアタックすることになる。冬は雪深く、春〜秋はヤマビルに要注意。

101 ツマグロヒョウモン （褄黒豹紋）

昆虫の名前はその特徴をとらえて名付けられている。翅（はね）がヒョウ柄で先端が黒いことからツマグロヒョウモンとなった。他に、ウラギンヒョウモン（裏銀豹紋）、メスグロヒョウモン（雌黒豹紋）など、名前からその昆虫の特徴がイメージできるものは多い。ツマグロヒョウモンの雌は翅の先端部が黒紫色で白

い帯が横断しているのに対して、雄の翅の先端部は黒くはなく白帯もない。模様の特徴が目立つ雌の容姿から名付けられたものだ。

幼虫の食草はスミレ類で、花壇に植えられたパンジーやビオラも食べる。黒色の背中に一本の赤い筋が縦に通り、多数の赤い棘状の突起のある幼虫がいたら本種だ。一見毒虫を思わせるが、突起で刺すことはない。毒も持たない。

数年前、筆者は庭のアリアケスミレの鉢に幼虫を見つけ、観察を続けたところ、蛹化（幼虫が蛹になる）から7日で成虫になった。ライフサイクルの速いチョウである。他のヒョウモンチョウ類がほとんど年1回しか発生しないのに対し、成虫は春から秋まで見られ、その間に何回も発生している。

もともとは西日本に生息していたものが分布を広げ、平成になったころから筆者の自宅周辺でも見られるようになったものである。

第5章
自然観察スポット・コース

y.yamaguchi

コヒルガオ
花期は夏。ヒルガオに似るが、花はやや小さく、花柄に細翼があり、葉が鉾形であることで区別できる。(ヒルガオ科)

　愛川町及び近在の見どころスポットや観察コースを選定したものである。絶滅が危惧されている動植物は勿論、環境保全地域、風致地区、国定公園内、私有地内での動植物の採集や捕獲は禁止または制限があり、法的な罰則が適用される場合もある。自然保護の観点から許される範囲の観察に留め、貴重な自然が失われないよう注意を払い、自然保護に努めていきたい。

第5章 自然観察スポット・コース

1 三栗山ハイキングコース

　愛川町の北東部に位置する三栗山はその尾根筋が相模原市との境界となっている。愛川町側は比較的緩い傾斜が続き、山裾は畑作農地で、その上は里山的景観となっている。尾根道はアップダウンがあるものの比較的緩やかで、スギ、ヒノキの植林地やコナラを中心とした2次林の鬱蒼とした林が続いている。

　霊園脇から登るのが定番コースで、尾根道からは愛川町側の展望はほとんど望めないが、途中の休憩ポイントでは相模原側に視界が開け、眼下に相模川や相模原市田名地区、さらに相模原台地、関東平野を視野に入れることができる。天気の良い日は、スカイツリーも遠望できる。

　植物相は豊かで四季折々の草花に出合うことができ、春のスミレ、秋のノギクは種類も多く、自然観察の楽しさを堪能できる。尾根道をさらに西に進むと大相模カントリークラブのクラブハウス前に到着する。ここから三増のバス停方面に下ることができるが、カート道に沿ってさらに進むと牛松山や三増公園陸上競技場方面に行くハイキングコースとなっている。約5km。

2 三増牛松山

　愛川町三増の三増公園陸上競技場脇から登り、山頂までは15分ほどの行程である。山頂は東から南方面に視界が開け、相模湾、湘南平、江ノ島、ランドマークタワー、新宿高層ビル群などが遠望できる。また、北東眼下には相模川が流れ、この川の働きによって形成された河岸段丘が相模原台地に階段状に4段眺望できる。数十万年に及ぶ大地の変化や地質時代の出来事に思いを馳せるのも一興である。

　山頂付近では四季を通して様々な植物や昆虫が観察できる。中でも、ほとんど姿を消してしまったハルゼミ（5月ころ）の声を聞くことができ、植物ではスズサイコ、コバノタツナミソウ、アリノトウグサなどが観られる。

　丘陵性の山地で山頂には牛松山のいわれを解説した石碑が建てられている。ガーデンテーブルもあり、景色を眺めながらのお弁当は格別である。気楽に行くことができ、自然を満喫できる変化に富んだスポットである。

さらにハイキングコースを進むと、相模野霊園の外周の尾根を回る形で三増公園に戻ることができる。尾根沿いにはオケラ（キク科）、タムラソウ、ワレモコウなどの珍しい植物が出現する。

3 角田大橋からの眺望

　角田大橋は中津川の中流域に位置している。海底山（おぞこうやま）が中津川に突き出すように迫り、川幅が狭くくびれた場所に架けられた橋である。この橋から上流を眺めると、右岸の海底（おぞこう）から左岸の戸倉耕地に広がる沖積地とその真ん中に帯状に伸びる流路が眺められ、河岸や中洲には河畔林が点在し、広い空間をつくっている。
そして、何よりなのは、この空間の延長上に見える仏果山・経ヶ岳の山容で、山裾である中津川の河床から仏果山頂上部までの標高差650mの山体全容が一つの視野にすっぽりと納まる様は、絵葉書の世界のような絶景である。通りすがりに立ち寄れるスポットで、早春の晴天の日の午前中が適時。橋上は駐停車禁止、交通事故にはくれぐれもご注意。
　この流域はアオハダトンボの県内でも数少ない生息地としても知られている。

4 仏果山Ⅰ

　仏果山は丹沢山塊の東縁部を走る2つの断層（牧馬―煤ヶ谷構造線と藤野木―愛川構造線）の間に形成された中津山地の最高峰である。中津山地は北西から南東に高取山（705m）、仏果山（747m）、経ヶ岳（633m）と連なり、丹沢の前山として、東京都心や横浜方面からも遠望することができる。東京スカイツリーから視線を富士山に向けると、手前に丹沢の最高峰蛭ヶ岳

があり、さらにその手前に仏果山が見え、4地点が一直線状にあることが分かる。

高取山と仏果山山頂には展望台があり、雄大な丹沢の山並みや眼下には宮ケ瀬湖が望め、晴れた日には関東平野が一望でき、新宿副都心や霞が関の高層ビル群をはじめ、スカイツリーや横浜ランドマークタワーが眺められる。また、遠く、房総半島、伊豆大島や日光男体山、筑波山、甲斐駒ケ岳を眺めることもできる。ぜひ、一度仏果山山頂に立っていただきたい。

5 仏果山Ⅱ

尾根の北側は愛川町、南側は清川村で、尾根筋は境界線となっている。両地区は古い時代から人の交流があったが、中津川沿いは急峻な谷地形と急流で知られる中津渓谷に阻まれているため、仏果山と高取山の間の鞍部である「宮ケ瀬越」か、仏果山の南に位置する「半原越」と呼ばれる何れも難渋な山道を行き来していたと伝えられている。また、この山地一帯は山岳修験の聖地で、山伏の行きかう修行道でもあった。周辺にはこうした歴史に云われを持つ地名も多くある。

近年では、首都圏からの日帰り登山コースとして人気があり、また「関東ふれあいの道」にもなっていて、休日には大勢のハイカーで賑わいを見せている。

仏果山山頂から南東に向かう尾根道のうち標高700m前後の0.5kmの区間は岩場が続き、起伏が激しい上に両側が急傾斜で狭く、転落の危険を避けるためにハイカーの交差時には遠くから道を譲り合っている。急斜面を吹き上げる風は強く風衝地特有の背の低い樹形となっているところもある。

植物にとっては厳しい環境にもかかわらず、長い時をかけてこの土地に適応して来たものも多く、オオバマンサク、ザイフリボク、シナノキ、イヌブナ、アズキナシ、オオウラジロノキ、ツルキンバイ等の貴重種植物があり、多様な自然の残るスポットとなっている。中でも、ザイフリボクは県内では非常に稀な植物で絶滅危惧種に指定されている。ハイカーの往来による踏み圧で枯死に瀕している株もある。

6 幣山(へいやま) 耕地の中津川堤防

　観察を続けていると、同じ場所に何回となく足を運ぶ場所ができてくる。幣山耕地の堤防や畦道は何回でも行きたくなるような場所の一つである。この周辺の田んぼを耕作されている人たちが、共同でシバ焼や草刈をされているようで、堤防は約500mにわたって日当たりのよい良く管理された草地になっている。春はオヘビイチゴやカントウタンポポ、ミヤコグサ、オオジシバリ、ムラサキサギゴケなどが咲き乱れ、お花畑のようになる。

　かつてはどこでも普通に見られた陽当たりのよい土手や草地は、昨今では手入れが行われなくなった場所も多く、荒廃地を好む高茎のオオブタクサやセイタカアワダチソウ、セイバンモロコシなどの帰化植物に覆われ、背が低く地面を這うコマツナギやクサボケ等の在来植物は日光を十分に浴びることができなくなりいつの間にか駆逐されてきている。

　この場所は、人の手が加わることによって多様な植物相が維持され、日本の田舎の原風景が残ってる貴重なスポットと言える場所である。5月の連休の時期が観察の適期。花に囲まれてお弁当を広げるのも幸せのひと時かも。

7 塩川添と南沢、塩川滝

　中津川との合流地点を「塩川添」と言い、合流する沢の名前は「南沢」、この沢の500m程上流にある滝を「塩川滝」、周辺の山林地帯を「滝の沢」、上流部は「南山」と呼んでいる。何やらややこしいが、この一帯が自然観察スポット。

　馬渡橋から中津川の右岸の堤防沿いを下流に向かうと、河川敷には流れに沿ってヤナギが帯状に河畔林を形成し、早春にはタチヤナギ、オノエヤナギ、イヌコリヤナギ、ネコヤナギなどの花が水辺を彩る。ヤナギはいずれも雌雄異株で単性の尾状花序での苞や子房にビロード状の絹白毛を密生している。朝日を浴びてきらきらと輝くさまは早春の風物詩である。塩川添いから南沢沿いに足を伸ばして塩川滝まで進むと、途中渓畔植物やスミレ類など観られる。

塩川滝手前の広場には、夏になるとオオムラサキやクワガタの集まるカエデの巨木があり、メープルシロップを舐めに来ている。また、滝つぼの斜面にはクリハラン、コケシノブ、サジラン、ニセジュズネノキなどの県下でも分布の稀な植物が着生している。イワタバコやカンスゲなども群生する谷地形独特の自然が織りなす貴重なスポットである。夏の涼を求めて訪れる人も多い。

塩川滝は愛川－藤野木構造線の断層面に沿って出来た滝で、近くには「燭江の滝」や「飛龍の滝」などもある。滝の上流には弁財天信仰の伝説が伝わる「江ノ島淵」と呼ばれる場所がある。

8 燭江の滝の結氷

「塩川滝」は有名だが、同じ南沢沿いには「飛龍滝」と「燭江滝」、「江の島淵」などの滝がある。飛龍滝と燭江滝は断崖絶壁で、高さは目測40mぐらいある。普段は水量が少なく滝と言うイメージはないが、大雨が降ると山腹の雨水が集まり豪快な大滝が出現する。飛龍滝は北側に開けた谷を通して1km以上離れた筆者の家からも雨上がりには眺めることができる。

燭江の滝の方は曲がった谷筋の奥にあり、普段は断崖全体を濡らすように水が落下している。冬場に寒い日が続くと結氷し、一ヶ月くらい連続した寒さが続くと大きな氷塊が出現して氷の壁が出来上がる。寒さが緩むと断崖の氷は剥げ落ちるため、壮観な氷の断崖になるのは数年に一度の現象である。この年は12月の寒波襲来から寒さが連続し2月まで続いたために結氷を見ることができた。

ツララが落ちないうちにと2月1日の朝に観察に出かけた。手前にある高さ20mほどの堰堤の梯子をよじ登ってさらに100mほど沢を登ったところが燭江の滝だ。

断崖絶壁でせり出した上部から氷塊が落下していて危険なため距離を置いた位置から眺めていたが、飛び散った破片が足元まで飛んできていた。落下の衝撃音は周囲にこだまし、隔絶した世界を体感した思いであった。帰りに塩川滝に寄ったがこちらは周囲の木々で空がふさがった壺状地形で結氷は全く見

られなかったが、白装束の数名の修験者が寒中の滝行を行っていた。

9 宮ケ瀬湖とジャケツイバラ

　山地の日当たりのよい斜面に生えていることが多く、房状の大きな花序が枝葉の上に立ち上がっている。鮮やかな黄色い花は渓谷を挟んだ向かい側にあってもよく目立つ。特に宮ケ瀬ダム周辺に多く自生していて、近年、口コミで広まったのであろうか、花の時期になるとこの花を眺めに訪れる人も見かけるようになった。湖岸道路沿いで至近距離に見られる場所が何箇所もあるが、交通安全上くれぐれもわき見運転は遠慮願うところだ。

　ジャケツイバラの2つ目の注目点は、太い蔓となっている幹や枝に、鷲の嘴のような鉤型に曲がった鋭いトゲがビッシリ並んでいて、その蔓が重なり合っているため人の侵入をはばむ鉄条網のようになっていることだ。落葉した後でもトゲのある葉柄や葉軸は枯れ枝として残っていて、トゲによる自己防衛能力は植物界随一と言えるかもしれない。

　もう一つ感心することは、春の出芽に備えた冬芽が数個一列に行儀良く並ん

でいるが、一番上を主芽と言い、普通はこの芽だけが出芽するが、主芽に事故があったときには二番以下に控えていた副芽が伸びて新しい枝となる。用心深く予備の冬芽を備えていて事故時に対応する自己管理能力の高さにも感心させられる。マメ科の落葉蔓低木。

10 ダムサイトから高取山へ

　宮ヶ瀬ダムサイトの駐車場の脇に高取山への登山道登り口がある。登り始めると階段がつづら折りに続く。途中何度か足の張りを休めながら登ると、ダムサイトの延長上で、ダムサイトを見下ろす場所に出る。ここはかつてダムの建設に関わって夜間工事用の照明灯を吊るしたワイヤーを対岸との間に張った場所である。現在はハイカーのためのテーブルが設置されていて休憩できるようになっている。

ここから先しばらくは急な登りはなく登山道も整備されていて歩きやすい。しばらく登ると視界が開けダム湖が見下ろせる場所に出る。高圧線下で草木が刈払われているためである。ベンチもあり、ダム湖を眺めながらの休憩は気持ちがよく時間の過ぎるのを忘れるほどである。

　鉄塔を過ぎると再び林内の道となり、シカによる樹木の食害跡などを見ながら登っていくと植物相も変化し始め、標高700m近くではオオウラジロノキ、シナノキ、イヌブナ、アズキナシなどが出現するようになる。山地性の植物の観察スポットである。最後の岩場をよじ登ると高取山山頂である。山頂の展望台からはダムサイトや宮ヶ瀬湖を眼下に、好天の日には筑波山、日光男体山、大菩薩陵、甲斐駒ヶ岳、丹沢蛭ヶ岳、伊豆大島など数百キロ先までを遠望できる凄いスポットでもある。

11 半原高取山山頂付近

　愛川ふれあいの村からのルートと宮沢林道から登るルート、ダムサイトからのルートがある。何れも変化に富んだ自然が楽しめる登山道である。前2つのルートから登って山頂近くなったところで、鬱蒼としたスギの植林地を抜けると急に明るく開けた雑木林になる。ここを登りきったところが山頂（海抜704m）になる。この山頂の手前（海抜690mくらい）が魅力のスポットである。以前は手入れの行われないジャングルのようなボサ山で、アブラチャンなど株立ち植物が繁茂する下草も生えない林でしたが、潅木類が刈り払われ明るい疎林に変わったところ、たちまちに様々な林床植物が出現し始めた所である。山頂付近にもかかわらず肥沃な黒土の緩やかな斜面にはオオバダケブキやシモバシラ、スミレ類やテンナンショウ類などが見られるようになった場所である。一気に山頂を目指さず、山地性の植物の観察をお勧めできる。ここにはハルニレ（仏果山山地では唯一本確認）の巨木もある。

高取山山頂は、360°の視界が開け、展望台からは東に関東平野、南に大山・湘南方面、西に丹沢山塊、北に高尾山や小仏山地、また、眼下には宮ケ瀬ダムや愛川町域が眺められる胸のすくような絶景が堪能できる。秋晴れ、冬ばれの日が適時。

　高取山への登山ルートは、仏果山を経由するルート、宮ケ瀬側の仏果山登山口ルートもある。

12「道の入沢」の貝化石と滝

　国道412号線の愛川町田代地区の平山坂大曲から「経ヶ岳登山口」と表示された道の入沢（どうのいりさわ）沿いの道を進むとやがて砂防堰堤に突き当たるが、左岸側に迂回用の階段が付いている。2つ目の堰堤を登りきると登山道は「道の入沢」から別れ、対岸の山腹の勾配の急な山道になる。が、お目当てのスポットは山道へは進まず沢の河床をそのまま進む。注意して観ていくとすでに河床の転石には貝の化石が散見される。

　この化石を含む地層は1000万年以上前に火山島や海底火山の噴火がもとになった火山礫や火山灰が堆積したもので愛川層群中津狭層と呼ばれている。貝化石はカネハラニシキといい、寒流域の海底に生息した種類で、堆積当時は今より寒冷な気候だったことを物語るものである。

　堰堤から30mほど上流に進むと沢は2手に別れどちらも勾配が大きくなる。右手に折れ、沢を登るように進むとやがて目的の滝が見えてくる。滝は途中に小さな段を持つ落差15m程のもので、渇水期には水量も少なくなるが、降雨期には豪快で迫力のある大滝に変身する。この滝は愛川層群と相模湖層群との接触面である愛川―藤野木構造線の断層面に沿ってできたと考えられ、愛川町域には他に、畑の沢、南沢、中津渓谷を結ぶ直線上にも大小同じような滝が見られる。

　大地が語る地質時代の出来事や、今日までの大地の変遷の過程を垣間見せてくれるスポットの一つである。フールドワークをされる方はヤマビルに注意。晩秋から春先までの間が適期。

13 経ヶ岳への尾根道

　両脇の斜面が谷に下る地形は山地の尾根によく見られるが、ここは経ヶ岳に通じる登山道で、法論堂林道の半原越から10分ほど登った標高600mほどの南向きの雑木林である。落葉の終わった初冬の時期には明るい陽射しが差し込み、踏みしめる落ち葉の甘い香りに心身が癒される場所で、山歩きを通して健康的なセラピー体験のできる尾根道ルートである。

　その昔、山伏姿の修験者が山岳信仰の行所を目指して往来する修験道であったと伝えられている。さらに10分ほど登ると、やせ尾根に登山道をふさぐように鎮座する大石がある。弘法大師空海がこの石の穴に経文を納めたと伝わっている「経石」で、この山の名前のいわれにもなっている。ほどなく進むと経ヶ岳山頂になる。山頂からはパノラマを見るように雄大な丹沢山塊が一望でき、眼下には清川村の中心街が見える。

　一帯は山岳修験の聖地であったことから、経ヶ岳をはじめ、仏果山、法華峰、華厳山、法論堂など信仰にかかわった地名が多くある。現在は「関東ふれあいの道」としてハイカーの行き来する登山道となっている。途中の急斜面には鎖場もある。1時間ほどで往復できる山歩きの楽しさを教えてくれるコースである。

14 法華峰林道を歩く

　清川村の法論堂林道から愛川町へ通じる峠を半原越（標高500m）と呼んでいる。この峠から分かれ、法華峰の中腹を等高線に沿って取り巻いている林道が法華峰林道である。谷と尾根が交互に入り組み複雑な地形なため道は曲がりの連続である。人通りは少なく平坦で、のんびり自然散策を楽しむには格好のコースである。半原越に車を置いて歩くこともできる

が、愛川町の勝楽寺裏の道の入沢から経ヶ岳に向かう登山道の途中で出会うこともできる。

　このコースの見どころは多く、愛川町の全域が眺められる眺望の良さとともに、自生のカスミザクラや、愛川町近在ではここしかないタニジャコウソウとアオチカラシバの群落があり、オオルリソウ、オニルリソウ、ハタザオもこのコースならではの植物である。「道の入」からの登山道と合流地点の崖（愛川層群中津狭層）には貝化石のカネハラニシキが観察できる。また、厚木市方面に進んだところでは岩から清水が湧き出るきれいな岩清水を口にすることができる、見どころ満載のコースである。

15 八菅山いこいの森

　八菅山一帯は、神奈川県指定の自然環境保全地域並びに風致地区となっている。また、八菅神社の社叢林は神奈川県から「天然記念物」の指定を受けている。

　愛川町が整備した「八菅山いこいの森」は、自然を保全しつつ自然景観と調和のある広場や施設をつくり、人と歴史と自然とが触れ合う場所として、また自然学習の場として、さらには人々の心身の健康にとっても尊い空間として維持されることを目的にした公園である。八菅山いこいの森は神奈川県公園50選にも選ばれるなど、自然環境が良好な場所として知られている。

　標高100m〜170mの南東斜面は「八菅神社の森」と称される樹高15m以上のスダジイ林が自然植生として発達している。参道周辺では高木層にスダジイ、亜高木層はヒサカキ、アラカシ、ヤブツバキなどが、低木層はツルグミやアオキなどが、草本層にはベニシダ、ヤブラン、フユイチゴなどが生育する重層構造の林となっている。相模平野の内陸部にあって原生の自然植生が現存する貴

重な樹林であることが天然記念物の指定理由となっている。植生学では「ヤブコウジ―スダジイ群集」という分類群に位置付けられている。

　植物相においては県内でも分布の稀なコクラン、マヤラン、キンラン、クロヤツシロラン、シュンラン、オオバノトンボソウなどのラン科植物や、

アリドオシ、ハイチゴザサ、オオダイコンソウ、ウラジロ、ウチワゴケ等の貴重植物が自生している。また、豊かな自然は多様な昆虫相や野鳥なども育んでいる。

16 幣山から八菅山へ

　幣山地区の裏山にあたる急峻な斜面の上部に、高圧線の通る鉄塔がある。幣山からはシカ柵のゲートをくぐり、鬱蒼とした木立の中の傾斜のきつい登山道をよじ登ると、15分ほどで鉄塔が立っているところに出る。鉄塔は中津川カントリークラブの一角にあって周辺は平坦な場所である。この鉄塔は愛川町の広い方面から眺められて、夜間に航空機に対して高い建築物の存在を示すため「航空障害灯」を点滅させている。登山道には様々なつる植物が周囲の大木に絡んでいてジャングル化している。つる植物の一つであるギジョランは珍しく、長旅をするアサギマダラという蝶の食草として名の知られた植物である。

　鉄塔から八菅山方面に向かう尾根の道路は平坦で道幅は広く歩きやすい。道路の右側は厚木市で左側が愛川町の境界線となっている。八菅山に向かう途中の右側には神奈川県が設置した雨量観測電波送信所がある。植物や昆虫の観察の他、車の通行がなく静かなため野鳥の観察にも適したコースである。ゴルフ場を右下に見ながら進み、途中左に折れると八菅山の尾根道に続いていく。ほどなく行くと八菅山いこいの森の展望台に着く。

　なお、八菅山方面から歩く人も多いと思われるが、鉄塔のところで幣山地区への下り口は鉄塔前の道の向かい側の小さな案内板を見落とさないように。また、冬季以外はヤマビル対策も必要。

17 喧騒を離れて熊谷沢林道へ

　仏果山には大小様々な沢があって、そのため山地全体が複雑な地形となっている。仏果山に降った雨はそのまま低い所へ流れ谷川となるが、地中にしみ込んだ雨水が谷筋で地中から湧き出し源流となる場合もある。傾斜の急な仏果山では谷は深く斜面に刻み込まれている。

　そうした谷の一つに「熊谷沢」がある。尾根近くに源流を発する急傾斜な谷の一つである。この谷をまたぎ造られた林道が「熊谷沢林道」である。

　林業としての利用を目的に造られ、標高500m前後の等高線に沿って仏果山山腹を東西に横切っている。東の基点は南沢林道、基点にはゲートがあって関

係車両以外は通行できないことと、ガイドブックも記載されていないため、訪れるハイカーはほとんどなく、知る人ぞ知る林道である。西に4kmほど伸びた地点で終点となっている。

　林道は明るく開けた空間が続き、小鳥の鳴声こそすれ市街地の喧騒からは隔絶した世界で、山地性の植物や昆虫などと出会うことができ、自然を満喫できるハイキングコースである。途中、眺望が効くところもあり、相模平野や東京方面がながめられる。

18 中央林道・大沢林道で森林浴を

　仏果山の中腹には宮沢林道、中央林道、大沢林道、扨子（さすこ）林道、熊谷沢林道がある。各林道に通じる道にはゲートがあって、地元や林業関係者以外は車では通行できない。また、何れの林道も行き止まりになっていて他の地区に通り抜けることはできない。さらに、ハイキングマップに載ってない林道もあって、ハイキングで仏果山山頂を目指そうとするとこれらの林道を横切ることになり、地元の事情を知らないハイカーにとっては不安に感じることもあるようだ。

　仏果山の中腹の標高500m前後の等高線に沿っているのが中央林道と大沢林道である。昭和の終わりごろに相次いで作られた林道であるため、地元の人でも知らない事情もあってか歩く人は少なく、山歩きの人はほとんど見かけないのは残念である。春の萌黄色、夏の青葉、秋の紅葉、冬の佇まいと、四季折々の風景の中を歩けば、癒し物質のフィトンチッドがあふれていて心身の健康の面からもおすすめである。市街地では見られない自然の営みの新たな発見もあるかもしれない。

19 信玄旗立松からの見晴らし

　三増合戦の折、武田軍が大将旗を立てたと伝わる大松があったが、大正期に火災で焼けてしまった。その旨を伝える碑文を刻んだ石碑が地元青年会の人たちによって昭和3年に建てられ、周辺が小公園として整備されている。三増合戦の出来事を後世に伝えるものである。

場所は志田山の中峠に近い尾根がせり出た標高300mほどの高所にある。現在は周囲が東名カントリークラブのゴルフコースに囲まれるように位置している。この地に立つと合戦が行われた一帯全体が視野に入る。信玄がここに大将旗を翻し鶴翼の陣を張り、武田軍を指揮し北条軍を迎え撃ったと伝わっている。

ゴルフ場の駐車場脇からカート道沿いに進み小さな案内板を見て階段を上り、ツヅラ折りの山道を5分ほど登ると視界が開け旗立松公園である。眼下に合戦場が見え、遠く相模湾や横浜方面、東京都心も見える眺望と、受ける風のさわやかさは、急坂を上り詰めた人だけが味わえる気分である。西に目を向けると宮ヶ瀬ダムのダムサイトが見える。周辺にはワレモコウやワラビ、ツリガネニンジンなどが生えている。小遠足として気楽に行けるスポットである。

20 古道志田峠を歩く

志田峠は、愛川町から津久井町根小屋方面に抜ける3つの古道のうちの一番西にある峠である。かつては厚木市荻野の打越峠を下り、海底（おぞこう）地区で中津川を渡って、田代地区の上野原の台地に上って、志田沢沿いに志田峠まで登って、津久井の韮尾根地区から北を目指す巡検道があったと言われている。この道沿いには街道筋ならではの道祖神や馬頭観音など小さな神仏を祀った石像や御堂が多くあって、現在でも地元の人たちによって信仰されているものもある。

古道は一部で道路として拡幅され付け替えられているが地形的には昔の面影を残していて、峠一帯は濃い緑に包まれている。植物観察や野鳥観察など自然に親しみながら手軽に歩けるハイキングコースとしておすすめの古道である。また、このコースのほとんどは「関東ふれあいの道」ともなっている。三増地区から県立あいかわ公園などに行く場合の近道でもある。道路は降雨時に荒れた個所もあり、車での通行は避けた方がいい。

21 伝説の三増峠

　三増峠は中世のころ、甲斐（山梨）から鎌倉や小田原へ向かう街道が通る峠であった。山麓の三増地区は、永禄12年（1569年）10月に、甲斐の武田信玄と小田原の北条氏康の両軍が戦った三増合戦場で有名である。記録によると両軍合わせて5千名以上が戦死した戦国時代での最大規模の山岳戦と言われている。戦に勝利した武田軍は三増峠を超えて甲斐の国に向かったと伝えられている。現在、三増峠下をトンネルで貫き県道65号線が愛川町と相模原市緑区津久井町を結んでいる。昔も今もなくてはならない交通路となっている。

　三増トンネルのすぐ手前の右に三増峠への入り口があり、案内板に従って沢沿いに進むとやがて登り坂になり、入り口からは15分ほどで峠に着く。峠には大きな石仏があり、峠を登り切った人々がいろいろな思いを込めて手を合わせ、休憩場所としたに違いない。峠の先の旧街道はこの先で一部分廃道となっていて斜面の茂みに消えている。現在、峠には旧街道を横切るように林業管理のための小倉林道が走り、相模原市緑区小倉地区と根小屋地区を結んでいる。

　伝説に彩られたこのコースは様々な動・植物が観察されるところでもあり、時にはイノシシのぬた場やタヌキの溜め糞に出会うこともある。アサギマダラの食草であるギジョランやツルリンドウ、ヒメフタバランなどの珍しい植物も観察できるスポットである。

22 大岩（おおいわ）と崖の植物

　中津川は愛川町半原の日向橋下流で大岩と呼ばれる岸壁にぶつかりほぼ直角に右に流れを変えている。この大岩から続く下流100m程の左岸は急峻な崖で、岩肌がむき出しになっている個所がある。南向きのため陽当たりがよく乾燥した崖となっている。このため、こうした環境に適応できる植物しか生えることができない。岩の割れ目

に体を固着して生活するイワヒバとツメレンゲがここの植生の主となっている。

　イワヒバは雨が降らず乾燥が続くと葉を丸め干からびた状態で休眠し、次の雨を何週間でも待つことで適応している。ツメレンゲは多肉質の葉をうろこ状に重ねあわせ、体内に保持した水分を蒸散させずに保つことのできる性質を持って適応している。以前、押し葉標本をつくるのに1ヶ月かけて乾燥させても生体のままで困惑したことがあった。

　なお、ツメレンゲは珍蝶クロツバメシジミの食草で、マニアのコレクターが時々訪れているようだが、群落の規模が小さいためクロツバメシジミの生息は確認できていない。ツメレンゲは県内では愛川町の他は津久井町の早戸川の渓岸に見られるだけの稀産植物である。

　特異な環境とそこに適応する珍しい植物を見ることのできるスポットである。水量の多い時の川越しにはご注意。

23 三増金山の栗沢沿い

　県道愛川・津久井線の上三増バス停の150m程手前で山王坂を下ると栗沢沿いの道に合流します。この合流地点を挟んだ周辺10mほどの道端がホットスポット。季節は春限定。イチリンソウ、ニリンソウ、ジロボウエンゴサ、ユリワサビ、セントウソウ、ヤマネコノメソウなど早春植物が群生するところである。また、神奈川県下では稀にしか見られないレンプクソウの自生地でもある。レンプクソウは派手な植物ではないが、こうした植物が息づいていることは貴重な自然が現存する数少ない場所であると言える。狭い場所ですが、春にはお花畑のような一角が出現するスポット。

　早春植物は「スプリングエフェメラル」とも言われ、春早い時期に花を咲かせ、春の終わりとともに消えてしまう春の妖精のような植物のことを指している。上記の植物の他、スミレやカタクリ、ヤマルリソウなどが知られている。

24 相模川右岸小沢河川敷

　相模川右岸に広がる小沢グランドから六倉までの河川敷には、ヤナギやニセアカシヤに覆われている場所の他、フナの釣り場となっているワンドが続いている場所がある、堤防から離れた本流沿いに広がる河原（玉石、礫からなる場所）は、植生がまばらで一年草を中心とした植物が生えている。これは豪雨時に増

水し、河原の植生が剥ぎ取られることによって石ころだらけの川原になりやすく植物が定住できないため、一年で一生を完結する一年草の方が生活に有利なことから生じる植生の一タイプなのである。

オフロード車の輪立ちに沿って歩くと、植物にとっては厳しい環境にもかかわらず、カワラニガナ、カワラハハコ、カワラヨモギなどが観られるが、これらの植物は近年における河原環境の変化で絶滅が惧種されるようになった植物である。他に、テリハノイバラ等の河原植生を構成する植物やビロードモウズイカ、クララ、シナダレスズメガヤ、アメリカネナシカズラ、ムシトリナデシコ等の乾燥地に強い帰化植物も観られる。川の作用によってリフレッシュされた土地がどのような植物を育むか面白い観察テーマになるスポットである。

25 向山尾根ハイキングコース

半原地区の北方に東西に連なる山を向山（むこうやま）と呼んでいる。東の端の富士居山（愛川中学校の裏山）から西の端の大峰（津久井町韮尾根寄りの峰）まで尾根続きにおよそ3kmのハイキングコースが整備されている。昔のような山仕事が行われなくなって歩く人も途絶え長い間消滅寸前だった山道を、愛川山岳会の尽力により、ハイキングコースとして整備し、新たな案内板も設置していただいたものである。

木々の間から半原地区の集落や仏果山山地が一つの視野で捉えられ、また、宮ケ瀬ダムの巨大なダムサイトや、県立あいかわ公園も全容が精巧なジオラマを視ているように眺められる。大峰付近には半原地区のテレビ電波受信施設の鉄塔3基が建てられている。

この尾根コースへの登り口は半原側に3つ、反対側の志田峠側に2つ、富士居山と津久井の清正光（朝日寺）のそれぞれにもありますが、いずれも急な傾斜を登らなくてはならず、やや健脚者向きと言ったところである。市街地とは隔絶した多様な森林が続き、明るい陽の注ぐ空間もあり、小鳥の鳴き声や動物の生活痕が観察され、森林浴としてフィットチッド（生物活性物質）が発散しているコースで、一度は歩いてみたいコースである。清正光朝日寺から韮尾根地区を回って半原地区や県立あいかわ公園に向かうことができる。

26 関東ふれあいの道

　ハイキングコースを歩いていると「関東ふれあいの道」と書かれた標柱に出会うことがある。どんな趣旨でつくられ、どこからどこへ続く道なのだろうか。

　「ふれあい」とは美しい自然とそこで育まれた歴史や文化遺産に触れようというものである。「関東」とは関東一円を結ぶ自然遊歩道のことで、首都圏自然歩道とも言われている。

　神奈川県などから出ている資料によれば、10km 前後に区切った日帰りコースが 144 コースあり、1 都 6 県を 1 周すると総延長 1.665km になるとのことである。各コースの起点と終点はバスや鉄道と連絡ができるようになっている。

　清川・愛川には、伊勢原市の日向薬師から厚木市の白山を通り、清川村の御門橋バス停までの「巡礼峠のみち」（8.8 km、3 時間 15 分）と、坂尻バス停から法論堂林道を登り半原越から仏果山山頂を通って愛川ふれあいの村に降り、半原バス停までの「丹沢山塊東辺のみち」（11.3km、3 時間 20 分）、半原越から経ヶ岳山頂を通って愛川町の半僧坊に降り、三増合戦場跡から志田峠、韮尾根バス停までの「北条武田合戦場のみち」（16.2km、4 時間 30 分）の 3 コースが設定されている。

　踏破する場合は、コースの下調べと安全対策にご留意を。複数人で歩くのがいい。

27 海底から打越峠へ

　打越峠（おっこしとうげ）から南側は厚木市荻野である。峠の手前の中津川添いに愛川町海底（おぞこう）地区の集落がある。この峠が 2 つの地区の境界となっている。坂の名前は「馬坂」と言い、古くは東海道と中山道を結ぶ街道筋として多くの人の往来があった古道である。現在はハイカー以外に通る人も少ない峠道である。海底地区には石仏群や、金毘羅宮、愛宕神社、日月神社が地域の守り神として鎮座している。昔の旅は難渋で、海底地区からの中津川の渡しでは増水で足止めもあったであろう。旅の安全への祈願や、地域の人々の様々な信仰の聖地となっていたことが偲ばれる。

また、戦国時代には小田原の北条軍と甲斐の武田軍が激戦を繰り広げた「三増合戦」の主戦場も近く、峠の南側には北条軍の戦死者を悼んだ慰霊碑も建られている。

　田代地区の勝楽寺を起点に海底地区を通り、馬坂を上り、打越峠から厚木市上荻野田尻地区を通って平山坂上から平山坂を下って勝楽寺にもどるコースは、里山的自然が織りなす四季の変化を味わえるスポットで、神社仏閣への寄り道をしながらの古道歩きは変化に富んだ自然探訪になることと思われる。約6km、春にはスミレ、イチリンソウ、カタクリなども観察できる。

28 ホットスポット尾山耕地

　田植えが終わった田んぼでは様々な生き物が稲の傍らを棲みかとして集まり、たちまちのうちに賑やかになる。カエル類やそのオタマジャクシ、ドジョウ、ゲンゴロウ類、アメンボ、トンボ類とヤゴなどである。これらを餌とするクモ類や甲虫類、イモリもやってくる。盛夏のころの出穂期にヤマカガシなども田んぼの常連となる。

　近年の耕地は区画整理が進み、用水掘りは3面ンクリート化している。また、稲作は機械化され、病害虫防除も浸透性の農薬の使用が進み確実な収穫量が見込めるようになった。その反面で、多くの生き物にとって住みにくい環境になった。田んぼでしか生きられない生き物は姿を消した。絶滅の危機におちいった種類も多い。川と田んぼが行き来できない。産卵や隠れ場所としての畔がない。殺虫剤や除草剤の直接的な被害を被る。生き物同士の関係が断ち切られ、生態系がゆがめられる。田んぼの生き物のための心配は尽きない

　尾山耕地は神奈川県自然保護協会が生物多様性ホットスポットに選定している。その根拠は、他の多くの耕地では見られなくなった田んぼの生き物が生息する貴重な場所として認定されていることにある。神奈川県では絶滅したとされていたものや絶滅危惧種の昆虫が10数種類発見され、本州での絶滅種と考えられていたイトアメンボが生息していることが確認されている。

定期的に調査活動をしている人の報告では、田んぼによって生物相が違う。トンボ類の幼虫が激減している。その後姿が確認できない生き物もいる。とのことである。

29 登山道案内板

愛川・清川周辺は、丹沢・大山から続く急峻な尾根筋と大小の谷が大地を刻む変化に富んだ地形が多く見られる。それは山岳美、渓谷美として多くの人々を魅了するとともに、水源や森林資源など自然の恵みをもたらす源ともなっている。

自然の魅力にひかれて山道を歩く人や、市街地の喧騒を逃れ渓谷の清らかな流れに浸る人など、この地を訪れる人は多い。特に仏果山や経ヶ岳は首都圏からの日帰り登山のコースとして各種のガイドブックにも紹介され、初・中級登山者で賑わいを見せている。様々な年齢層に人気があるようで、ファミリーにも結構出会う。

山頂に立てば、急斜面を登り切った成就感を実感でき、周辺の山々や遠方のビルやタワーが展望できる。大地と空からなる広い空間を眺めながらのお弁当は格別な味がする。夏のフィトンチッド（自然が発する癒し物質）の溢れる森林浴は気持ちを穏やかにし、冬の雪上に残る動物たちのフィールドサインには自然の豊かさが実感できる。写真は愛川山岳会が建てた案内板。登山者の道しるべとして安心をもたらしている。

30 深沢源流部を訪ねて

仏果山山腹に流れを発し半原細野地区を下る深沢（ふかさわ）がある。名前の通り半原台地を深く刻み込んだ沢で、深沢尻で中津川本流に合流している。わずか数kmの谷川である。

山麓部の新久林道が深沢に架かる橋から西に 10m ほどのところに深沢に沿った山道の入口がある。この山道を進んだところが観察コースである。山道に入ると間もなく、かつては耕作地であったと思われる平坦地や、墓地、道跡がある。公共上水道が普及するまでの生活用水として昭和の 30 年代まで使われ

ていたと思われる、沢水を利用した簡易水道施設なども現存していて人の生活跡を偲ぶことができる場所である。周辺は樹齢数十年のスギ、ヒノキの植林地が続いている。人の往来はほとんどなく、道は荒れているが踏圧ははっきりしていて道に迷うことはない。

　さらに上流に進むと、他ではほとんど見かけないフタバアオイやトチバニンジン、タチガシワなどの群生地があり、貴重種の自生するホットスポットとなっている。

　深沢に沿った山道はここで終わり、西側の尾根を走る中央林道と、東側の尾根を走る扨子（さすこ）林道とを徒歩で結ぶ山道に出会う。どちらに行くにしても急斜面を上ることになるが、東側に進むと、沢に露出する岩石中に貝化石が散見され、斜面には仏果山山中では珍しいツガの巨木が数本あり、自然観察愛好家には魅力が多い一帯となっている。地理に明るい人との行動が望ましい。ヤマビル注意。携帯電話は圏外。

参考文献

神奈川県立博物館「南の海から来た丹沢」有隣新書　平成 20 年
愛川町教育委員会「愛川町の地質」愛川町郷土博物館基礎調査報告書第 6 集 1998 年
秦野市地学研究会「石ころは語る」夢工房　1997 年
神奈川自然図鑑①「岩石・鉱物・地層」有隣堂　2007 年
神奈川自然図鑑②「昆虫」有隣堂　2000 年初版
神奈川自然図鑑③「哺乳類」有隣堂　2003 年初版
日本野鳥の会「四季の野鳥図鑑」ナツメ社　1998 年
神奈川県立生命の星・地球博物館「神奈川県植物誌 2001」神奈川県植物誌調査会 2001 年
全国農村教育協会「日本帰化植物写真図鑑」清水矩宏/森田弘彦/廣田伸七著
ほか

著者紹介

山口　勇一（やまぐち　ゆういち）

1946 年愛川町生まれ　東京農業大学卒業・放送大学卒業
元神奈川県公立中学校教諭・教頭
神奈川県植物誌調査会会員
厚木植物会副会長
サークル愛川自然観察会代表
愛川町文化財保護委員会委員長
NPO 法人神奈川県自然保護協会理事
元さがみ自然フォーラム運営委員長
愛川町郷土資料館運営委員会委員

あとがき

　「続・あつぎの花めぐり」を厚木植物会 NEWS に掲載を始めてから 10 年になる。原稿用紙 1 枚程度を目安に、季節を追って植物に関わる話をまとめたものである。専門的な見方や用語はできるだけ避け、分かりやすい文章を心がけた。やむを得ない場合はカッコ書きで注訳を付けた。身近な植物として日頃の生活との関わりや、子ども時代の思い出などを織り込んで、親しみやすくしたつもりである。原稿の数は 300 を超えていたが、本書では半分ほどを取り上げた。自然の中を歩く折々に出会った様々な自然はどれも新鮮で、自然の営みの面白さや発見の喜びは何事にも代え難い楽しいものである。

　「愛川・清川の自然」は筆者が野外で出会った自然事象を、分野は問わず随筆文として綴ってきたものである。500 字以内で簡潔な文章を心掛けた。原稿の数は 100 を超えた。

　幸いにしてタウンニュース社発行の厚木版と愛川・清川版のコラムに掲載の運びとなり、自然観察の楽しさを多くの人に伝える機会となった。「続・あつぎの花めぐり」は初投稿から 10 年になり、「愛川・清川の自然」は 5 年が経つ。

　生き物はそれぞれに住処を持っている。様々な場所の様々な環境を訪ねていくと、そこならではの見どころがある。サークル愛川自然観察会のホームページで「地域の自然見どころスポット」を紹介してきた。これも本書に掲載することができた。自然とふれ合い、自然を知る場所として良好な自然環境が末永く持続されることを願うものである。

　取り上げる話題は途切れることはない。内容は身近な事象だからだ。投稿は現在も続けている。これからもカメラをポケットに野外を歩き、時には虫や鳥の目になって小さな発見を楽しんでいきたい。また、多くの方に自然観察の楽しさを伝えていきたいと考えている。

　本書の執筆にあたり、日頃の自然観察に共に行動していただいているサークル愛川自然観察会の皆様、植物の同定にご協力をいただいている厚木植物会の皆様、様々な面でご示唆をいただいている、さがみ自然フォーラム運営委員の皆様には深く感謝申し上げる次第です。本書をまとめるにあたっては夢工房の片桐務様には大変お世話になりました。

著者

索引

この本に出てくる動物・植物

【ア】
アオイ 21
アオイスミレ 21.26
アオキ 81.173
アオギリ 88
アオジ 106
アオスジアゲハ 140
アオダイショウ 102.125
アオハダトンボ 165
アカエグリバ 143
アカショウマ 52
アカスジカメムシ 132
アカネズミ 94
アカネスミレ 108
アカハラ 106
アカフタチツボスミレ 26
アカマツ 154
アカミタンポポ 33
アカメガシワ 73
アキカラマツ 68
アキノエノコログサ 63
アキノギンリョウソウ 117
アキノハハコグサ 114
アゲハチョウ 105.122.140
アケビ 23.158
アケボノソウ 72.145
アサギマダラ 134.174.177
アシタバ 67
アズキナシ 166.17
アスチルベ 52
アズマイチゲ 111
アズマイバラ 43.78
アゼムシロ 64
アッケシソウ 154
アメリカザリガニ 144
アメリカセンダングサ 90
アメリカネナシカズ 66.179
アメリカフウロ 61
アライグマ 155
アラカシ 102.107.173

アリアケスミレ 162
アリドオシ 174
アリノトウグサ 164
イイギリ 82
イガラ 99
イタチ 157
イタヤカエデ 150
イチョウ 100
イチョウウキゴケ 50
イチリンソウ 24.11.178.181
イトアメンボ 181
イトモ 50
イヌコリヤナギ 21.167
イヌザンショウ 90
イヌノフグリ 27
イヌブナ 166.17
イヌワラビ 116
イノシシ 103.127.142.177
イモリ 181
イロハモミジ 150
イワタバコ 49.168
イワニガナ 54
イワヒバ 178
ウグイス 106
ウグイスカグラ 44
ウシタキソウ 65
ウシハコベ 28
ウスユキソウ 136
ウチワゴケ 174
ウツギ 39
ウラギンヒョウモン 161
ウラシマソウ 115
ウラジロ 174
ウラジロチチコグサ 114
ウリカエデ 150
エゴノキ 58
エゴノネコアシアブラム 58
エサキモンキツノカメムシ 123
エゾタンポポ 32
エゾリンドウ 72
エドヒガン 25
エノキ 130
エノコログサ 63
エビガライチゴ 46.76
エビヅル 75

エンコウカエデ 150
エンドウ 71.85
オオイヌノフグリ 27
オオウラジロノキ 166.17
オオオナモミ 140
オオキンケイギク 40
オオシマザクラ 25.116
オオバウマノスズクサ 37
オオバタンキリマメ 91
オオハナワラビ 80
オオバノトンボソウ 173
オオバマンサク 22.166
オオハンゴンソウ 64
オオミノガ 148
オオムラサキ 156
オオモミジ 150
オオルリソウ 173
オギ 67.143
オキナワスズメウリ 57.75
オケラ 165
オトギリソウ 50
オトシブミ 124
オニグモ 147
オニグルミ 89
オニシバリ 94
オニユリ 128
オニルリソウ 173
オノエヤナギ 21
オノエヤナギ 167
オミナエシ 62
オモダカ 48
オモト 95
オヤマボクチ 72

【カ】
カジカガエル 110.141
カシワ 107
カスマグサ 27
カスミザクラ 116
カタクリ 20.178.181
カタバミ 29
カニクサ 84
カネハラニ 95.171.173
ガビチョウ 106
カブトムシ 128.14.156
ガマ 54.79
カメノコテントウ 131

186

カヤツリグサ 55
カヤネズミ 157
カラスアゲハ 105.14
カラスウリ 83.135
カラスザンショウ 90
カラスノエンドウ 27
カワラナデシコ 129.136
カワラニガ 40.54.136.179
カワラニガキク 7.40.150
カワラハハコ 65.136.179
カワラヨモギ 179
カンアオイ 83
ガンクビソウ 84
カンサイタンポポ 32.33
カンスゲ 168
カントウカンアオイ 83
カントウミヤマカタバミ 29
カントウヨメナ 70
キアゲハ 123
キウリグサ 37
キカラスウリ 83
キクザキイチゲ 24.111
キジ 101
キシタバ 129
ギジョラン 177
キチジョウソウ 88
キヅタ 87
キツリフネ 61
キヌガサタケ 51
キビタキ 106
ギフチョウ 83
キューイフルーツ 39.151
キリ 88
キレンジャク 98
キンノエノコロ 63
ギンラン 36
キンラン 36.173
ギンリョウソウ 117
クサギ 56
クサソテツ 116
クサボケ 111
クズ 60.142
クスダマツメクサ 28
クスノキ 102.14
クヌギ 107.126
クマイチゴ 45.76.124
クマワラビ 116
クモノスシダ 130

クララ 179
クリ 42.126
クリハラン 168
クレマチス 34.77
クロツバメシジミ 178
クロマツ 154
クロヤツシロラン 173
クワ 47
クワガタ 156
ケイリュウタチツボスミレ 26
ケタチツボスミレ 26
ケヤキ 87
ゲンゴロウ 48
ゲンノショウコ 61.144
ケンポナシ 77
コウヤワラビ 116
コオニユリ 128
コガマ 54.79
コキア 154
コクサギ 30
コクラン 173
コケオトギリ 50
コケシノブ 168
コゴメカヤツリ 55
コシロノセンダングサ 90
コスミレ 26.108
コスモス 40
コセンダングサ 90
コナギ 48
コナラ 53.107126
コハコベ 28
コバノタツナミ 164
コブナグサ 154
コマツナギ 59
コメツブツメクサ 38
コモチシダ 80
コヤブタバコ 84
ゴヨウアケビ 158

〔サ〕
サイハイラン 41
ザイフリボク 166
サオトメバナ 57
サカキ 102
サザンカ 118
サジラン 168
サトイモ 139
サネカズラ 97
サルナシ 39.151
サワガニ 160

サンショウ 90.105
シカ 127
ジガバチ 157
シシウド 67
シナダレスズメガヤ 179
シナノキ 166.17
シバ 154
シマヘビ 125
ジムグリ 125
シモバシラ 89
シャガ 112
ジャケツイバラ 90.169
ジャコウアゲハ 37
ジュウクボシテントウ 131
ジュウサンボシテントウ 131
シュウメイギク 66
シュレーゲルアオガエ 148
シュンラン 24.173
ジョウビタキ 96
シラネセンキュウ 67
シラヤマギク 70
シロスジカミキリ 126
シロダモ 102.14
シロバナタンポポ 32.33
シロバナハンショウヅル 34
ジロボウエンゴサク 28.178
シロマダラ 125
シロヨメナ 70
シンビジュウム 24
スギ 22.161.164.183
スギナ 30.116.121.142
ススキ 67.142
スズサイコ 164
スズメ 109
スズメウリ 57.83
スズメノエンドウ 27
スズメノヤリ 25
スズメバチ 156
スダジイ 102.173
スミレ 26.29.108.178.181
セイヨウタンポポ 32.33
セセリチョウ 60
セントウソウ 178

センニンソウ 34.77
センブリ 61.72.144
ゼンマイ 116
ソメイヨシノ 25.112.115

【タ】
タカチホヘビ 125
タケニグサ 56
タチイヌノフクリ 27
タチガシワ 183
タチツボスミレ 26.108
タチヤナギ 21
タチヤナギ 167
タニウツギ 39
タニタデ 65
タニジャコウソウ 173
タヌキ 129.156.177
タブノキ 102.14
タマゴタケ 145
タマムシ 130
タムラソウ 165
タラノキ 90
ダンドボロギク 63
チガヤ 154
チカラシバ 69.157
チゴユリ 110
チダケサシ 52
チチコグサモドキ 114
チャ 71.117
チャドクガ 100.117
チョウジザクラ 116
ツガ 183
ツキノワグマ 103.107.151
ツクシ 30
ツクバトリカブト 146
ツクバネ 32
ツクバネウツギ 32.39
ツクバネガシ 32
ツクバネソウ 32
ツタ 87
ツチイナゴ 97
ツマグロヒョウモン 161
ツメレンゲ 178
ツユクサ 45
ツリガネニンジン 62.176
ツリフネソウ 61
ツルキンバイ 166
ツルグミ 173

ツルシノブ 84
ツルボ 58
ツルリンドウ 34.73.78.177
ツワブキ 20
テイカカズラ 38
テリハノイバラ 43.78.179
テングッパ 79
テングノハウチワ 79
トウカイタンポポ 32
トキリマメ 91
ドクウツギ 39.146
ドクゼリ 146
ドクダミ 42.144
ドジョウ 181
トチバニンジン 183
ドブネズミ 157
トモエソウ 50
トラカミキリ 126
トラフ 95

【ナ】
ナガイモ 87
ナガコガネグモ 146
ナガバジャノヒゲ 74
ナツノハナワラビ 80
ナツボウズ 95
ナミテントウ 131
ナワシロイチゴ 45.46.76.125
ナンテン 76.82.96
ニオイタチツボスミレ 108
ニガイチゴ 45.46.76.125
ニガナ 54
ニシキウツギ 39
ニジュウヤボシテントウ 131
ニセアカシア 42.178
ニセジュズネノキ 168
ニッコウキスゲ 53
ニホンアマガエル 148
ニホンザリガニ 144
ニホンザル 103.127.151
ニリンソウ 24.110.146.178
ヌマガヤツリ 55
ネコヤナギ 21.167

ネジバナ 47
ネズミタケ 69
ネナシカズラ 66
ネムノキ 85
ノアザミ 36
ノイバラ 43.78.90
ノウサギ 24
ノカンゾウ 53
ノキシノブ 86
ノコギリカミキリ 126
ノコンギク 70
ノササゲ 71
ノジスミレ 26
ノダケ 67
ノハラアザミ 36
ノビル 118
ノブキ 20
ノミノフスマ 28

【ハ】
ハイイロチョッキリ 53
ハイチゴザサ 174
ハクビシン 101.156
ハグロソウ 55
ハシブトガラス 101.107
ハシボソガラス 101.107
ハタザオ 173
ハナイバナ 37
ハナショウブ 113
ハナムグリ 60
ハハコグサ 113.136
ハモグリガ 137
ハモグリバエ 136
ハルシャギク 40
ハルジョオン 31
ハルゼミ 164
ハンショウヅル 34
ハンミョウ 147
ヒガンバナ 75
ヒグラシ 141
ヒサカキ 173
ヒダリマキマイマイ 148
ヒトリシズカ 31.44
ビナンカズラ 97
ヒノキ 22.121.142.164.183
ヒバカリ 125
ヒメウツギ 39
ヒメガマ 54.79
ヒメキンエノコロ 63

ヒメシャガ 113.148
ヒメスミレ 26
ヒメノキシノブ 86
ヒメハギ 119
ヒメフタバラン 177
ヒメヤブラン 68
ヒヨドリ 82.86
ヒヨドリジョウゴ 82.86
ヒヨドリバナ 134
ヒレンジャク 98
ビロードツリアブ 114
ビロードモウズイカ 179
ヒロハノカワラサイコ 40
ビンボウグサ 60
フキ 20
フジ 35.91
フタバアオ 183
フタリシズカ 31.44
フデリンドウ 34
フユイチゴ 76.173
フユザンショウ 90
フユノハナワラビ 80
フラサバソウ 27
ヘクソカズラ 57
ベッコウバチ 158
ベニシダ 173
ベニバナゲンノショウコ 61
ベニバナボロギク 63
ヘビイチゴ 35
ホウセンカ 61
ホウチャクソウ 110
ホオノキ 120
ボタンヅル 77
ホトケドジョウ 50
〔マ〕
マタタビ 39.152
マツノザイセンチュウ 155
マテバシイ 107
マムシ 125
マムシグサ 115
マメヅタ 92
マヤラン 48.173
マルバウツギ 39
マルバノホロシ 82.86
マルミノヤマゴボウ 72
マンサク 22
マンリョウ 81

ミウバアケビ 158
ミズオオバコ 50
ミズガヤツリ 55
ミスジマイマイ 148
ミズタマソウ 65
ミズニラ 50
ミズカクシ 64
ミソサザイ 110
ミツバウツギ 39
ミツバチ 42
ミドリハコベ 28
ミドリワラビ 116
ミミガタテンナンショ 114
ミヤマカミキリ 126.129
ミヤマキケマン 28
ミヤマフユイチゴ 76
ムクゲ 137
ムクドリ 73
ムクノキ 73
ムクロジ 32
ムシトリナデシコ 179
ムラサキエノコロ 63
ムラサキカタバミ 41
ムラサキケマン 28
メギ 85
メジロ 108
メスグロヒョウモン 161
メヒシバ 55
モジズリ 47
モズ 157
モチノキ 82
モミジイ 45.46.76.90.125
モミジガサ 146
モリアザミ 72
モリイバラ 43.78
モンキアゲハ 105.14
モンスズメバチ 129
〔ヤ〕
ヤイトバナ 57
ヤツデ 79
ヤドリギ 98
ヤノネグサ 154
ヤハズエンドウ 27
ヤブカラシ 60
ヤブカンゾウ 53
ヤブタバコ 84
ヤブツバキ 23.102.117.173
ヤブツルアズキ 91

ヤブデマリ 43
ヤブヘビイチゴ 35
ヤブマメ 91
ヤブラン 68.173
ヤマアジサイ 49
ヤマイモ 87
ヤマカガシ 125
ヤマグワ 47
ヤマゴボウ 72
ヤマザクラ 25.112.115
ヤマゼリ 67
ヤマツツジ 121
ヤマトイモ 87
ヤマドリ 102
ヤマトリカブト 24.146
ヤマニガナ 54
ヤマネコノメソウ 178
ヤマノイモ 87
ヤマハハコ 136
ヤマビル 110.127.161.174
ヤマブキ 33.45
ヤマボウシ 62
ヤマホロシ 82
ヤマユリ 52
ヤマルリソウ 37.178
ユウガギク 70
ユキムシ 153
ユズ 90
ユリワサビ 178
ヨウシュヤマゴボウ 72
ヨシ(アシ) 67
ヨツボシテントウ 131
ヨモギ 146
〔ラ〕
リュウノウギク 70.74
リュウノヒゲ 74
リンドウ 34.72
ルリチュウレンジ 132
ルリボシカミキリ 126
レンゲ 42
レンプクソウ 178
ロベリア 64
〔ワ〕
ワスレグサ 53
ワスレナグサ 37
ワラビ 80.116.176
ワルナスビ 51

厚木・愛甲の自然誌
～自然観察への誘い～

2018年12月25日　初版発行
定価　本体価格1500円＋税

著者　山口　勇一©

制作・発行　夢工房

〒257-0028　神奈川秦野市東田原200‐49
TEL (0463) 82-7652　FAX (0463) 83-7355
http://www.yumekoubou-t.com
2018 Printed in Japan
ISBN978-4-86158-087-1 C0045 ¥1500E